Leithäuser-(Reinartz-) Empfänger

Ein Bastelbuch

von

Walter Sohst

Ingenieur

Mit 172 Textabbildungen
und 2 Tafeln

Berlin
Verlag von Julius Springer
1927

ISBN-13: 978-3-642-98214-9 e-ISBN-13: 978-3-642-99025-0

DOI: 978-3-642-99025-0

Vorwort.

Die außerordentliche Verbreitung und Beliebtheit der allgemein als besonders tonrein und empfindlich bekannten Leithäuser-Reinartz-Schaltungen und die vielen Anfragen aus Amateurkreisen haben die Verlagsbuchhandlung Julius Springer veranlaßt, mich aufzufordern, diese Schaltungen zusammenhängend zu beschreiben.

Ich komme der Aufforderung um so lieber nach, weil ich seit langem ein überzeugter Anhänger dieser Schaltungen bin, deren Erfolge oftmals die aller anderen übertreffen, und weil die Schaltung deutschen Ursprungs ist.

Bereits im Jahre 1919 hat Herr Professor Leithäuser, dem ich auch an dieser Stelle für manche Anregungen und Fingerzeige meinen Dank aussprechen will, einen Vortrag in der Physikalischen Gesellschaft zu Leipzig durch Vorführungen mit der kapazitiv-rückgekoppelten Schaltungsanordnung begleitet. Auch sind mehrere Großstationen und vor allem Schiffsanlagen mit Empfängern dieser Art ausgerüstet.

Dem deutschen Amateur wurde diese Schaltung im Jahre 1924 bekannt. Sie kam unter dem Namen Reinartz-Schaltung aus Amerika und erwarb sich in überraschend kurzer Zeit zahlreiche Freunde.

Bei der Abfassung des Buches ging ich von der Voraussetzung aus, daß dem Amateur an einer bloßen Zusammenfassung theoretischer Schaltbilder und Beschreibungen wenig gelegen ist, und so habe ich daher im 2. Teil des Buches eine Anzahl von mir und Herrn B. Suckau gebauter Apparate verschiedenster Konstruktion in allen Einzelheiten beschrieben. Für den Bescheidenen wie den Anspruchsvollen wird, so hoffe ich, vorhanden sein, was er sucht, und ich kann bei genauer Befolgung der gemachten Angaben für einen vollen Erfolg garantieren, um so mehr, weil bereits zahlreiche Funkfreunde, auch Anfänger, diese Apparate mit immer gleichem Erfolg nachgebaut haben.

Leider sind die Baupläne durch das Seitenformat in der Größe beschränkt; doch stehen im Bedarfsfalle Originalpläne zur Verfügung.

Wegen ihrer einfachen und meist billigen Bauart, ihrer geringen Fehlermöglichkeit und nicht zum wenigsten außerordentlichen Tonreinheit, auf die der größte Wert gelegt werden muß, betrachte ich diese Schaltung als die gegebene für den Anfänger. Weil aber auch die Empfindlichkeit eine außerordentlich hohe und auch die Ausbau- und Kombinationsmöglichkeit sozusagen unbeschränkt ist, eignen sich die Schaltungen auch hervorragend für den fortgeschrittenen Amateur.

Zum Schluß möchte ich nicht verfehlen, Herrn B. Suckau für seine Mitarbeit und das Lesen der Korrekturen meinen Dank auszusprechen.

Und nun ans Werk! Möge dies Büchlein dazu beitragen, die Schaffensfreude und die Freude am „Fernen Klang“ zu erhöhen und das Interesse an den Schaltungen deutschen Ursprungs zu fördern.

Berlin, im Dezember 1926.

Der Verfasser.

Inhaltsverzeichnis.

Bezeichnungen der Radio-Telegraphie und -Telephonie.

Galvanisches Element, Akkumulator, Batterie.

Gleichstrommaschine.

Wechselstrommaschine.

Hochfrequenzmaschine, Hochfrequenzquelle.

Regulierbarer Schiebekontakt.

Steckkontakt.

Klemmenanschluß.

Ohmscher Widerstand.

Luftdrossel.

Eisendrossel.

Tonspule.

Schalter.

Mehrpoliger Schalter.

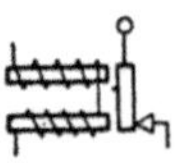
Summer.

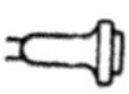
Telephon.

Lautsprecher.

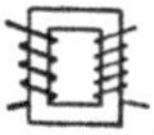
Transformator.

Vakuumröhre (Kathodenröhre).

Unveränderliche Selbstinduktionsspule.

Honigwabenspule (Honeycombcoil).

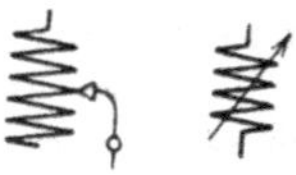
Veränderliche Selbstinduktionsspule, Schiebespule, Variometer.

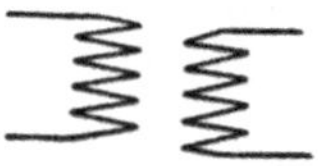
Kopplung.

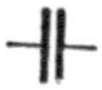
Unveränderlicher Kondensator- Blockkondensator.

Veränderlich. Kondensator, Drehplattenkondensator.

Indikationsinstrument, Galvanometer. Amperemeter. Voltmeter.

Kristalldetektor.

Mikrophon.

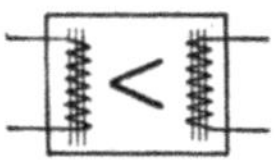
Niederfrequenzverstärker.

Geerdete Antenne.

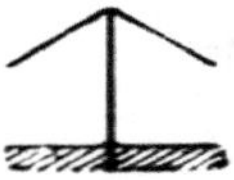
Schwachstrahlende Antenne, Schirmantenne.

Starkstrahlende Antenne.

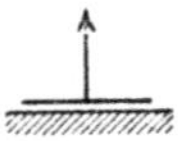
Antenne mit Gegengewicht.

Spulen-(Rahmen)-Antenne.

Gutleitende Erde.

Schlechtleitende Erde.

In sich geschlossene Apparatur. Abschirmung.

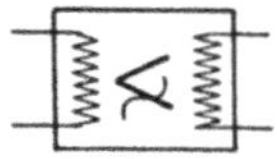
Mittelfrequenzverstärker.

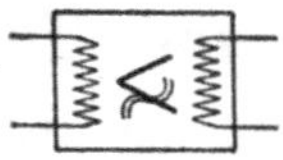
Hochfrequenzverstärker.

Zweifach-Hochfrequenzverstärker.

Dreifach-Hochfrequenzverstärker.

T = Schwingungsdauer.
λ = Wellenlänge.

Halbperiodige Schwingung.

I. Theoretische Schaltbilder.

Die Leithäuser-(Reinartz-)Schaltungen besitzen als Hauptmerkmal die sog. kapazitive Rückkopplung.

Die im Anodenkreise schwingende *HF*-Energie muß zum Zwecke der Rückkopplung in richtiger Phase und Amplitude auf den Gitterkreis zurückübertragen werden. Da die Spannungsschwankungen im Anodenkreise gegenüber den Gitterspannungen um 180^0 in der Phase verschoben sind, so muß zur Rückübertragung auf den Gitterkreis eine Anordnung benutzt werden, die die Phase wiederum um 180^0 verschiebt.

Bei voller Verschiebung um 180^0 würde die Röhre ungedämpft kontinuierlich schwingen. Die Rückkopplung hat aber im allgemeinen nur die Aufgabe, die Dämpfung im Gitterkreise so weit zu verkleinern, daß der Kreis fast verlustlos wird. Dieser Zustand der Entdämpfung wird aber schon erreicht bei weit geringerer Phasenverschiebung als 180^0. Es wird also eine möglichst feine Regelung der rückgeführten Energie erforderlich.

In den normalen Rückkopplungsschaltungen wird zur Spannungsübertragung eine Induktionsspule, d. h. eine Transformatorenanordnung, benutzt. In einem Transformator sind die Spannungen um 180^0 phasenverschoben; es kommt also nur auf die richtige Polung der Spulen an, um die *HF*-Spannungsschwankungen in richtigem Sinne auf die Gitterspule einwirken zu lassen. Damit die *HF*-Energie im Anodenkreise ungehindert schwingen kann, darf er keine *HF*-Widerstände haben. Deshalb muß ein im Anodenkreis liegendes Telephon, daß eine Drossel darstellt, durch einen Kondensator überbrückt werden. Die Regelung der Energie wird durch Ändern der Kopplung bewirkt, was aber sehr ungünstig ist, da dadurch gleichzeitig der Gitterkreis erheblich verstimmt wird. Die Bedienung ist mithin nicht einfach. Bei der kapazitiven Rückkopplung jedoch werden die Spannungsschwankungen im Anodenkreise direkt durch einen Kondensator auf den Gitterkreis übertragen.

Der Kondensator, der hier einen veränderlichen *HF*-Widerstand darstellt, überträgt die Rückkopplungsspannung auf die

Kathodenseite der Gitterspule. Direkt kann dies nicht geschehen, da ja im Kathodenanschluß der Spule das Potential *O* herrscht. Die Gitterspule bekommt daher noch einige überschüssige Windungen, $^1/_5$ bis $^1/_3$ der Gesamtzahl. Die überschüssigen Windungen stellen eine galvanisch angekoppelte Spule dar, die aber dieselben induktiven Wirkungen hat wie eine Transformatoranordnung. An diese Spule wird nun der Übertragungskondensator angeschlossen. Die Menge der übertragenen *HF*-Energie wird sehr einfach durch Verändern des Kondensators bewirkt. Da die Spulenkopplung unveränderlich ist, so tritt auch keine oder nur eine unwesentliche Verstimmung des Gitterkreises ein. Damit die *HF*-Energie auch wirklich ihren Weg über den Kondensator nimmt, muß ihr der Anodenkreis versperrt werden. Das geschieht durch den Einbau einer Drosselspule.

Die Bedienung ist einfach und ist auch der Schwingungs einsatz bei richtiger Ausführung äußerst weich. Dies hat wieder zur Folge, daß die Dämpfungsreduktion sehr weit getrieben werden kann, ohne daß Selbsterregung eintritt, woraus sich dann wieder eine außerordentliche Empfindlichkeit und gute Selektivität ergibt.

Infolge der großen Empfindlichkeit kann auf eine abgestimmte Antenne verzichtet werden, was zunächst eine Vereinfachung der Bedienung bewirkt. Es tritt aber ein weiterer Gewinn ein an Selektivität und Fortfall von Störungen, die durch Luftelektrizitätsaufladungen im Antennenkondensator hervorgerufen werden.

Eine solche unabgestimmte Antenne bezeichnet man mit „aperiodisch“. Sie bekommt als Selbstinduktion meist 25 Windungen, die mit der Gitterspule lose gekoppelt werden. Vielfach wird aber auch galvanische Kopplung angewendet, indem die Antenne an einige Windungen der Gitterspule angeschlossen wird.

Es gibt zahlreiche Variationen dieser Schaltung.

A. Schaltungen ohne *HF*-Verstärkung.

1. Reinartz-Schaltungen.

Abb. 1. Die Antenne liegt galvanisch gekoppelt, aperiodisch am Ende der Spule L_2. Zur Rückkopplung wird die Spule L_1 benutzt, die durch den Rückkopplungskondensator C_1 mit der Antenne und L_2 verbunden ist. Durch diese Anordnung wird gute Freiheit des R-Kondensators von Handkapazität erzielt, weil ein Plattensystem direkt an Erde liegt, mithin das Potential O hat. Da die Plusseite der Heizbatterie an der Spule L_2 liegt, kann der Gitterwiderstand R dem Gitterkondensator parallel geschaltet werden. Die Erdleitung liegt an Plus. Die Abstimmung des Gitterkreises erfolgt durch Abgreifen der Spule L_2 und durch den Kondensator C_2 (Abb. 1). Die Antennenkopplung kann ebenfalls durch Abgreifen von Windungen, im ganzen 10, verändert werden. Auch L_1 wird abgreifbar gemacht. Die Spulen sind Zylinderspulen, die gemeinsam mit 5 mm Zwischenraum auf einen Körper gewickelt sind. Mitunter werden auch ineinander gewickelte Korbboden — oder Flachspulen benutzt.

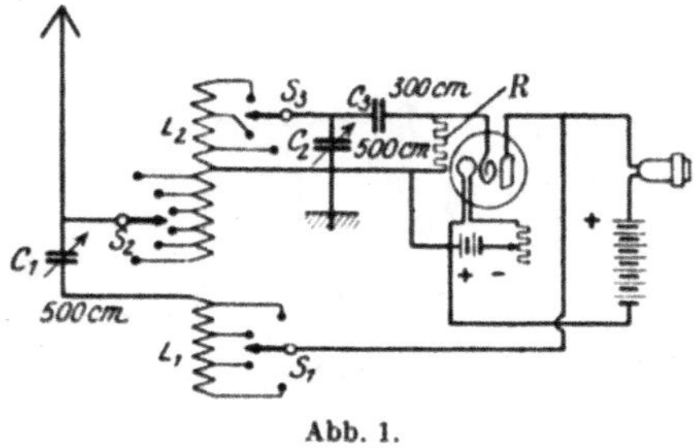

Abb. 1.

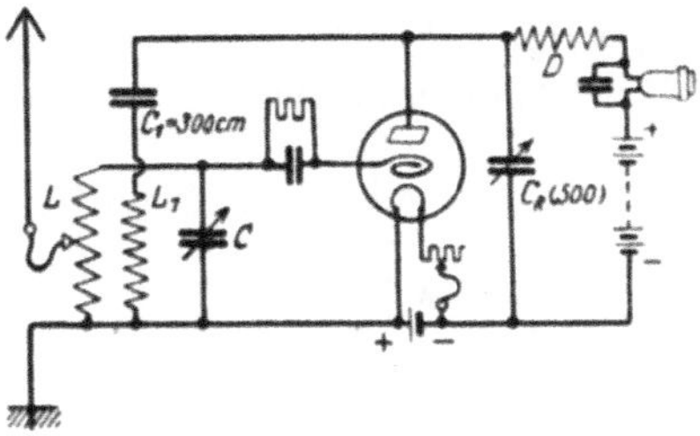

Abb. 2.

Abb. 2. Reinartzschaltung. Der Übertragungskondensator C_1 ist fest. Die Regelung der Rückkopplung erfolgt durch den Drehkondensator CR, der die HF-Energie aus dem Anodenkreise abfließen läßt, wodurch die Rückkopplung geringer wird. L und L_1 sind HW- oder sonstige Steckspulen. Alles übrige wie zuvor. (Aus „Wireless World".)

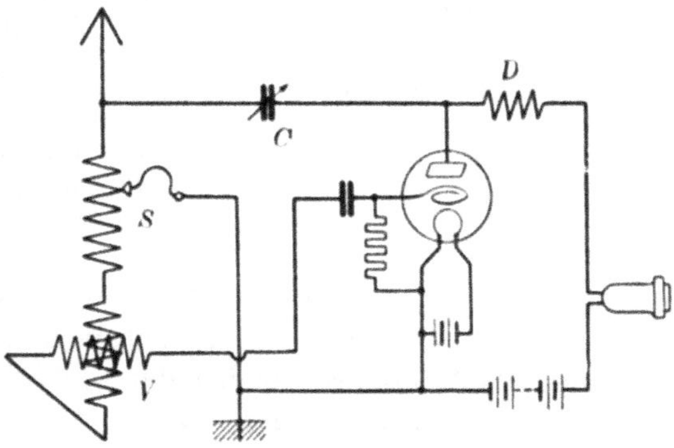

Abb. 3.

Abb. 3. Hier wird durch den Schalter S die Antennenkopplung und die Rückkopplungsspule gleichzeitig geändert. Die Abstimmung erfolgt durch ein Variometer V. Der Kondensator C liegt direkt zwischen Anode und Antenne. Ein Fehler bei dieser Anordnung liegt darin, daß die Antennenkopplung, die für Fernempfang kritisch ist, dauernd zu fest ist.

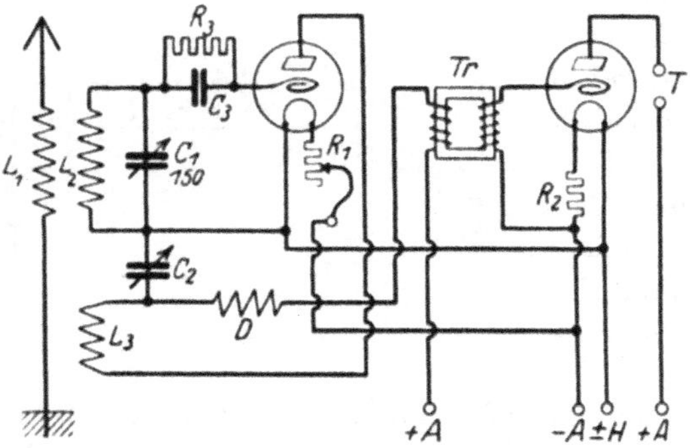

Abb. 4.

Abb. 4 zeigt eine Reinartzschaltung für Kurzwellen. Bemerkenswert ist die Lage der Drossel D, die nicht wie bisher vor der Rückkopplungsspule L_3 liegt, sondern dahinter vor dem Kondensator C_2. Der Abstimmungskondensator C_1 ist klein, etwa 150 cm; der Rückkopplungskondensator C_2 etwa 200 cm. Die Heizregelung der zweiten Röhre bewirkt ein abgepaßter Festwiderstand (R_2). Der Empfänger ist nicht geerdet.

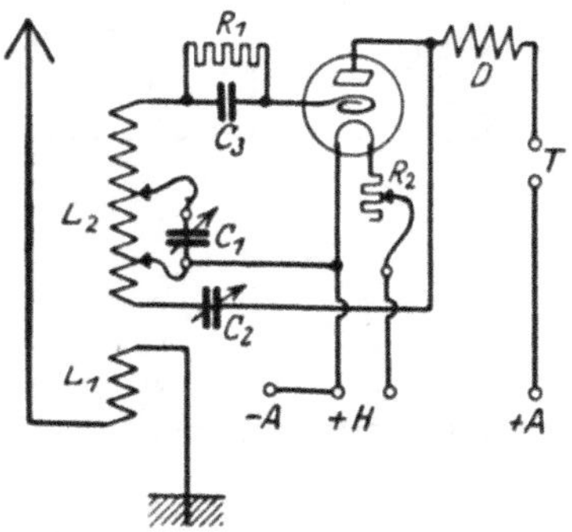

Abb. 5.

Abb. 5 gleichfalls eine Reinartz-Kurzwellenschaltung. Nur ein Teil der Selbstinduktion L_2 wird durch einen kleinen Kondensator C_1 abgestimmt; die Windungen der Spule sind einzeln abgreifbar. Der Empfänger ist nicht geerdet[1]).

2. Hartley-Schaltungen.

Abb. 6 zeigt den sog. Hartleyempfänger[1]), welcher auch häufig als Amateursender benutzt wird. Die Anordnung ist sehr ähnlich der Abb. 3, nur daß statt des Variometers zur Abstimmung des Gitterkreises der Kondensator C_1 benutzt wird. Die Antennenkopplung ist genau wie Abb. 3. Falls die Anordnung als Sender benutzt wird, kann die feste Antennenkopplung

[1]) Aus „Radio-Amateur".

günstig sein, da man beim Senden ja die Antenne zu starken Schwingungen anstoßen muß.

Abb. 7. Hartleyschaltung. Rückführung der Rückkopplungsenergie durch einen kleinen Festkondensator C_r von etwa

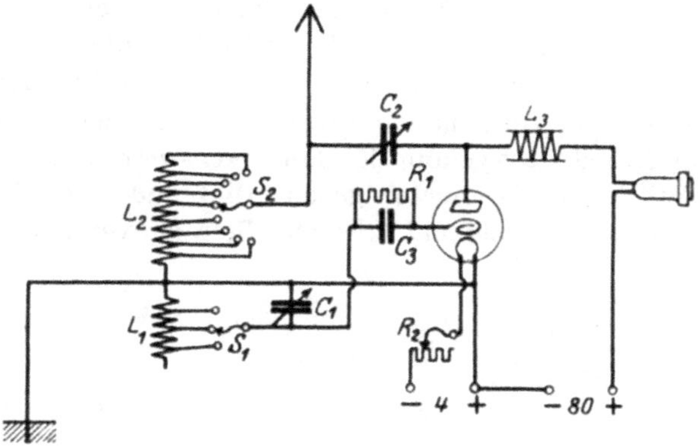

Abb. 6.

50 cm. Regelung der Rückkopplung durch einen in Serie zu C_r liegenden Drehkondensator C_2, der parallel zu einer Hochfrequenz-

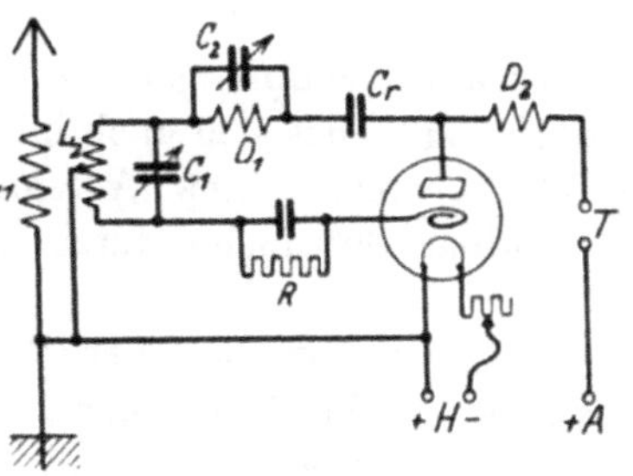

Abb. 7.

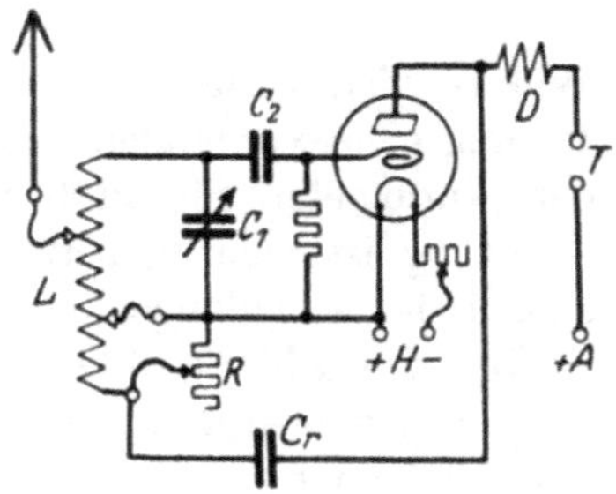

Abb. 8.

drossel D_1 liegt. Die Erdung ist an die Mitte der Gitterspule L_2 gelegt; infolgedessen ergeben sich eine größere Anzahl Spulenwindungen für die Rückkopplung, und der Übertragungskondensator C_r muß klein bleiben.

Abb. 8. Hartleyschaltung. In diese Schaltung wird zur Übertragung der Rückkopplungsenergie wiederum ein Festkondensator C_r benutzt und die Regelung geschieht durch einen veränderlichen Widerstand *R*, der die Rückkopplungsenergie beliebig zur Erde abfließen läßt. Ankopplung der Antenne galvanisch. Schaltung ist für Kurzwellenempfänger gedacht.

3. Weagant-Schaltungen.

Abb. 9. Der sog. Weagantempfänger[1]), der vielfach als Kurzwellenempfänger in Amerika gebaut wurde, zeigt an sich dieselbe Anordnung wie Abb. 4, nur etwas anders gezeichnet. Doch ist hier die Antenne nicht aperiodisch, sondern abstimmbar und mit L_2 induktiv gekoppelt. Bemerkenswert sind die Spulen, die sämtlich als Variometer gebaut sind und also die Selbstinduktion laufend bis auf kleinste Beträge verändern lassen.

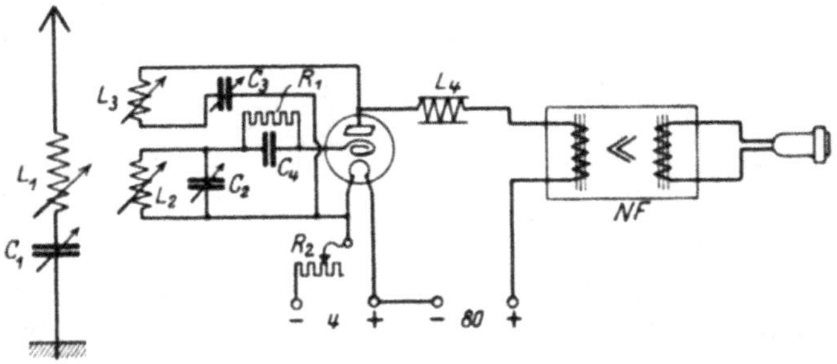

Abb. 9.

Wie bei den vorhin erwähnten Kurzwellenempfängern ist eine Erdung nicht vorhanden. Die Schaltung eignet sich auch infolge der Variometer für größeren Wellenbereich. Die Antennenschaltung ist nicht günstig. Sie bringt Störungen durch luftelektrische Aufladungen von C_1.

Bei den Abb. 3, 5, 6, 7, 8 bemerken wir, daß der Rückkopplungskondensator nicht mehr wie in Abb. 1 zwischen Rückkopplungsspule und Antenne bzw. Gitterspule liegt, sondern direkt hinter dem Anodenanschluß. Damit kommen wir auf das Merkmal der Leithäuserschaltungen. Diese haben nämlich alle den Rückkopplungskondensator unmittelbar hinter dem Anodenanschluß.

4. Leithäuser-Schaltungen.

Abb. 10 zeigt die prinzipielle Leithäuserschaltung, wie sie bereits im Juli 1919 angegeben und entwickelt wurde.

[1]) Aus „Radio-Amateur“.

Die Antenne ist aperiodisch und kann mit dem Gitterkreis galvanisch gekoppelt werden (Abb. 11), der Weg der Antennenenergie ist stark gezeichnet, die Kopplung mit dem Gitterkreis wird geändert durch Abgreifen von Windungen, bei Abb. 11 innerhalb der Gitterspule. Für die Antennenankopplung genügen in der Regel 10—12 Windungen, die etwa von der 4. Windung ab von 2 zu 2 oder noch besser einzeln abgreifbar sind. Große Außenantennen bedingen wenige, kleine und Zimmerantennen mehr Windungen.

Welchen Wert man auf die Antennenkopplung legen muß, erhellt die Tatsache, daß es z. B. nicht möglich ist, Fernempfang

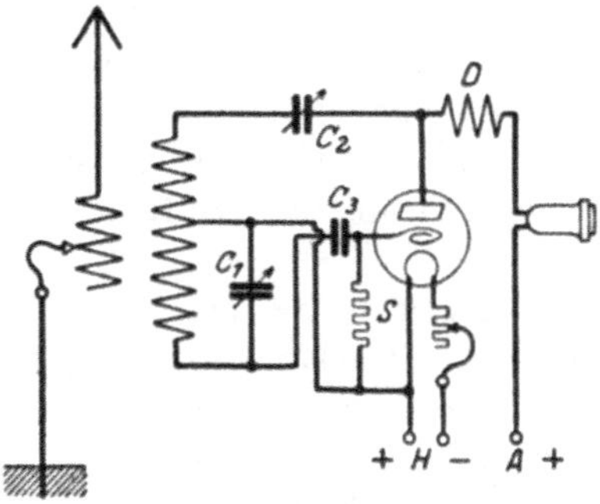

Abb. 10.

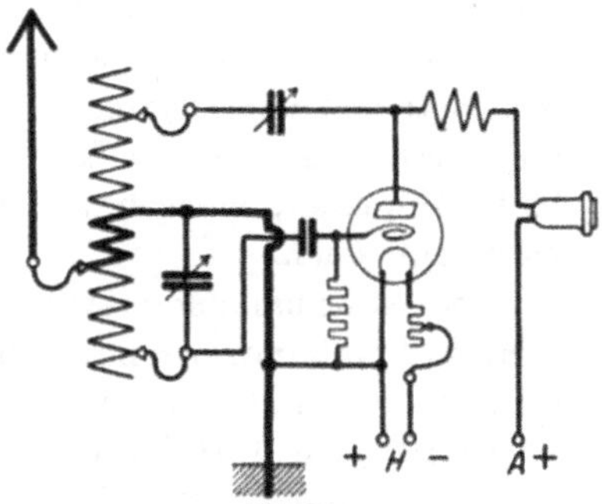

Abb. 11.

zu erzielen, wenn die Antenne 2—3 Windungen zu viel oder zu wenig hat.

Der Einfluß der Antennenkopplung wird gering durch Anwendung der induktiven Kopplung, wobei man dann vorteilhaft große Außenantennen benutzt, zumal die Lautstärke durch die induktive Kopplung sinkt.

Die Spule L ist fortlaufend auf einen Isolierkörper gewickelt und hat Abgriffe für Gitterkreis, Antenne, Erdleitung und Rückkopplungskreis. Der Kondensator C_2 darf nur klein sein, keinesfalls höher als 500 cm, denn er dient zum Feinregeln der rückgeführten Energie, während das rohe Einregeln durch Abgreifen der Rückkopplungsspule bewirkt wird.

Das Abfließen der Hochfrequenzenergie durch die Anodenleitung wird verhindert durch die Drossel D; das Telephon oder die Primärwicklung eines Niederfrequenztransformators können das Abfließen nur unvollkommen hindern, da die Wicklungen verhältnismäßig viel Kapazität aufweisen, mithin also einen erheblichen Nebenschluß für die Hochfrequenzenergie darstellen. Es darf natürlich auch kein Blockkondensator zwischen den Telephonklemmen liegen.

Die Spule L liegt mit ihren äußeren Enden einmal am Gitter der Röhre und das andere Mal am Rückkopplungskondensator C_2. In der Mitte liegt die Erdleitung, die also das Potential O hat. Die Erde liegt meist an der Plusheizleitung, doch kann man sie ebensogut an die Minusleitung legen. Liegt sie an Plus, so kann man den Gitterkondensator C_3 direkt mit dem Silitstab überbrücken. Sonst aber leitet man stets nach Plusheizung ab. Die Lage des Heizwiderstandes ist nicht kritisch; ich empfehle denselben in die Minusleitung zu legen. Bei Verwendung eines Voltmeters in Mehrröhrenschaltungen ist man ohnehin gezwungen, die Heizwiderstände mit Rücksicht auf die Verstärkerröhren alle in die Minusseite zu legen, um die Leitungsführung zum Voltmeter zu vereinfachen.

Der Abstimmkondensator C_1 hat am besten 500 cm Kapazität und muß immer feinregelbar sein. Der Gitterkondensator C_3 sei 200 cm und von unbedingt zuverlässiger Konstruktion, Dubilier oder Luftblock. Die Angaben auf Blockkondensatoren sind immer mit Vorsicht zu genießen. Fehlergrade von plusminus ($\pm$) 10% sind die Regel und zulässig, bei billigeren Fabrikaten betragen sie aber bis zu 50%. Abarten der Originalschaltung sind:

Abb. 12. Schaltung wie oben. Die Antennenkopplung ist induktiv und durch eine drehbare Spule, die in der Hauptspule liegt, fein abstimmbar gemacht. Eine besondere Ausführung dieser Schaltung ist der vom telegraphentechnischen Reichsamt gemeinsam mit dem Funkkartell ausgearbeitete Kurzwellenempfänger. *EL* Erdverbindung.

Abb. 13. Das Spulensystem besteht aus einem Variometer *Vr*, dessen äußere Wicklung mit dem Kondensator C_1 den Schwingkreis bildet. Die drehbare, innere Wicklung dient sowohl zum Verändern der Antennenkopplung als auch der Rückkopplung. C_3 kann u. U. ein Festkondensator sein, doch wird man dann die beste Größe, etwa 150—300 cm, ausprobieren müssen.

Abb. 14 benutzt für den Gitterkreis eine Zylinderspule, deren. Windungen für Antennen- und Gitteranschluß abgreifbar sind

Die Rückkopplung wird bewirkt durch ein an der Stirnseite axial angebautes (am besten Zylinder-) Variometer *VR*. Größe des Festkondensators C_3 etwa 250 cm.

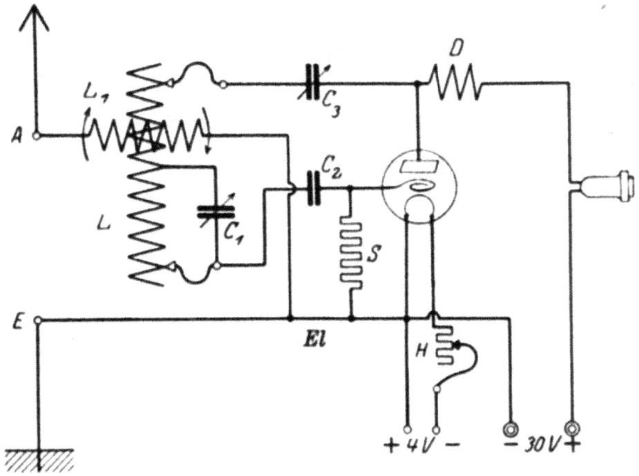

Abb. 12.

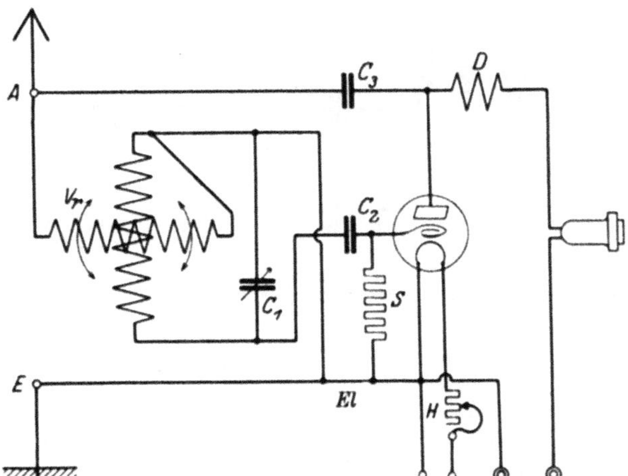

Abb. 13.

Es lassen sich noch mehr Variometerkombinationen finden, doch sind sie alle kaum empfehlenswert.

Abb. 15 zeigt Ausführung mit Honigwabenspulen. Die Antennenkopplung wird durch Honigwabenspule und Spulenkoppler bewirkt. Die Rückkopplungsspule wird um etwa die Hälfte

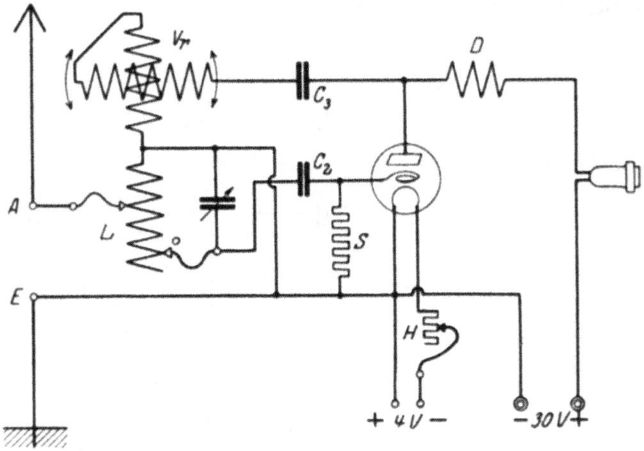

Abb. 14.

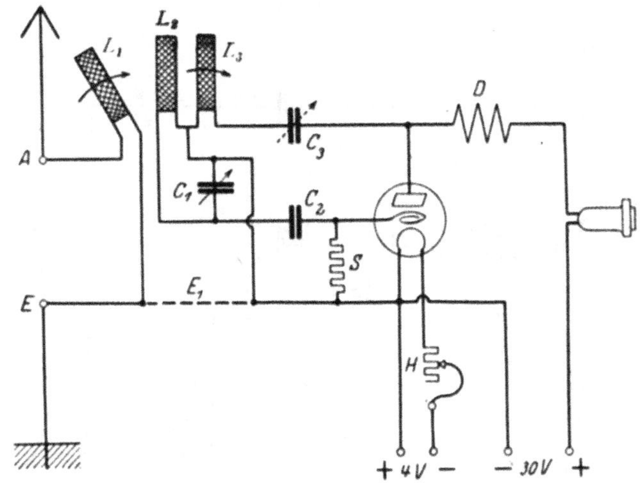

Abb. 15.

kleiner gewählt, als die Gitterspule. Die Rückkopplung kann entweder durch den Kondensator C_3 (250 cm), oder durch Schwenken der Spule L_3 bewirkt werden; in diesem Falle braucht der Kondensator C_3 nicht abstimmbar zu sein. Sonst alles wie bisher.

Die Schaltung liefert häufig sehr gute Resultate und ist für diejenigen empfehlenswert, die gerne den ganzen Wellenbereich von 200—10000 m beherrschen wollen. Die Tonreinheit ist jedoch nicht so groß wie bei den Apparaten mit Zylinderspulen.

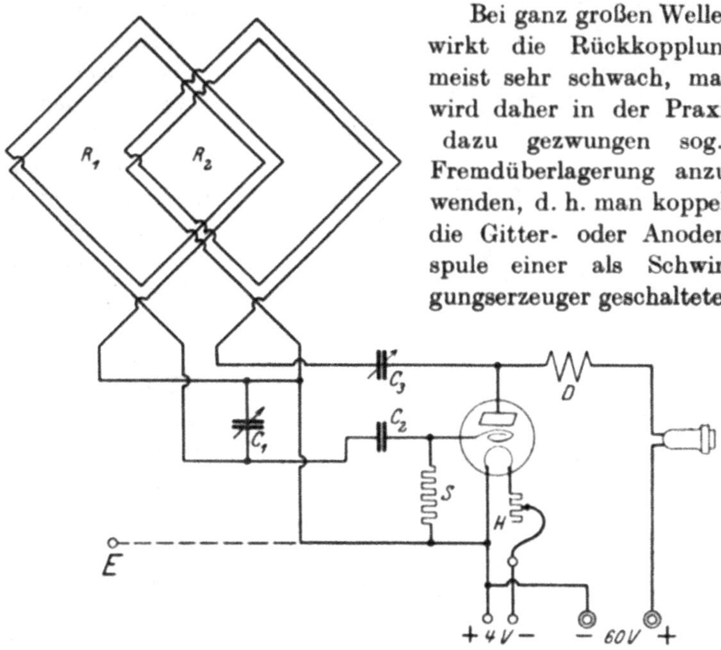

Abb. 16.

Bei ganz großen Wellen wirkt die Rückkopplung meist sehr schwach, man wird daher in der Praxis dazu gezwungen sog. Fremdüberlagerung anzuwenden, d. h. man koppelt die Gitter- oder Anodenspule einer als Schwingungserzeuger geschalteten Röhre auf die Gitterspule des Empfangsapparates und bekommt somit bei entsprechender Einstellung die gewünschte Interferenz. Diese Schaltung kommt für den Amateur weniger in Frage, doch sei sie der Vollständigkeit halber erwähnt.

Abb. 16 zeigt die Original-Leithäuserschaltung für Rahmenempfang. Der Rahmen besteht aus 2 gleichlaufend gewickelten Teilen R_1 und R_2. R_2 hat etwa $^1/_2$ bis $^2/_3$ soviel Windungen wie R_1. Die Rahmen sind genau wie eine Leithäuserspule geschaltet. Die Schaltung ist geeignet für längere Wellen (Zeitsignalaufnahme); für Rundfunk nur zur Aufnahme des Ortssenders. Für Rahmenempfang auswärtiger Stationen muß immer Hochfrequenzverstärkung benutzt werden.

Auch für Kurzwellenempfang eignet sich die Leithäuserschaltung vorzüglich und ist weiter unten ein Empfänger dieser Art erwähnt.

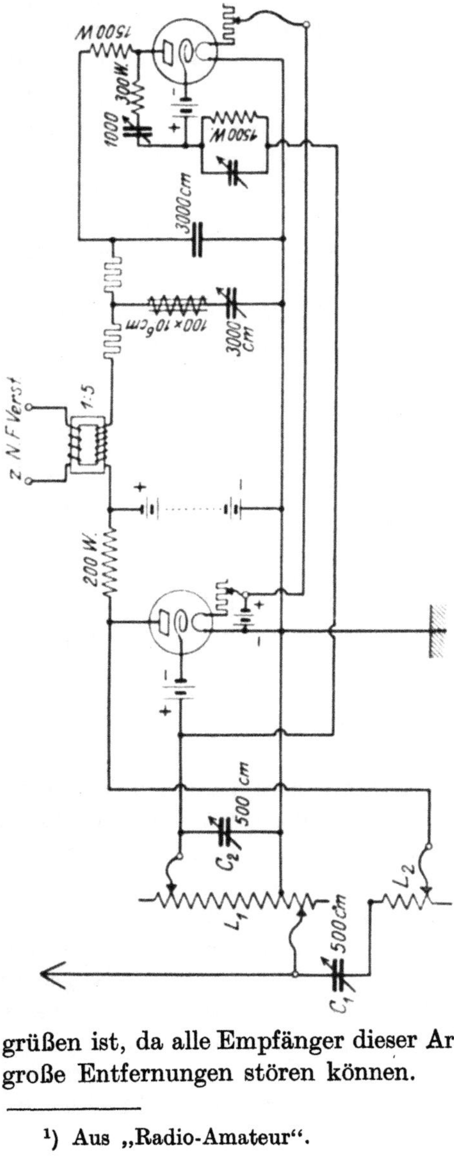

Abb. 17.

Die Reinartz-Leithäuser-Schaltungen können auch als Superregenerativ- und Flewellingempfänger gebaut werden.

Abb. 17 zeigt das Schaltbild eines Reinartz-Superregenerativempfängers, Abb. 18 eine Leithäuser-Flewelling-Variation[1]).

Der Supereffekt (Pendelrückkopplung) läßt sich auf die einfachste Weise dadurch erreichen, daß man den Gitterkondensator veränderlich macht und einen Festkondensator von etwa 2000 cm in die Kathodenleitung legt (Leithäuser 1924).

Seit Einführung einer guten Hochfrequenzverstärkung haben die Superschaltungen ihren Wert verloren, was an sich sehr zu begrüßen ist, da alle Empfänger dieser Art stark schwingen und auf große Entfernungen stören können.

---

[1]) Aus „Radio-Amateur“.

Sehr beliebt waren eine Zeitlang Empfänger mit Doppelgitterröhren, was für gewisse Zwecke (Reiseempfänger) seine große Berechtigung hat.

Abb. 19 zeigt eine Schaltung mit Doppelgitterröhren. Die erste Röhre mit Zuggitter-, die zweite mit Schutzgitteranordnung. Es sind noch viele andere Kombinationen dieser Art bekannt geworden; doch glaube ich, daß sie für die Mehrzahl der Amateure von geringem Interesse sind.

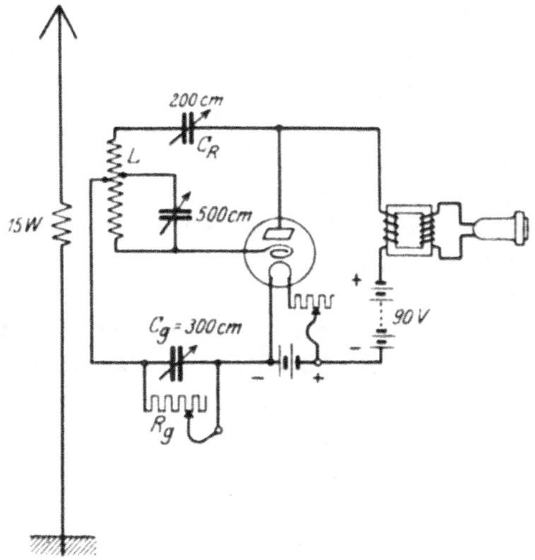

Abb. 18.

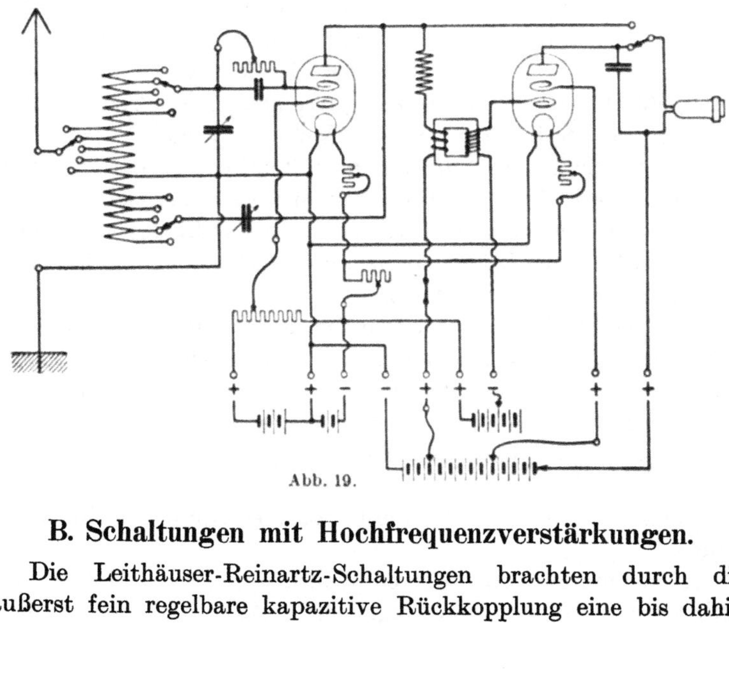

Abb. 19.

B. Schaltungen mit Hochfrequenzverstärkungen.

Die Leithäuser-Reinartz-Schaltungen brachten durch die äußerst fein regelbare kapazitive Rückkopplung eine bis dahin kaum gekannte Empfindlichkeit und Selektivität, so daß lange Zeit kein Bedürfnis vorlag, eine Steigerung durch Einbau einer Hochfrequenzstufe zu erzielen. Als sich nun die Amateure doch daran machten, eine Hochfrequenzstufe einzubauen, machten sie meist die Erfahrung, daß der Zuwachs an Empfindlichkeit und Selektivität so gering war, daß er den Mehraufwand an Material und die komplizierte Bedienung nicht rechtfertigte.

Eine Röhre ist immer dann am empfindlichsten, wenn sie kurz vor dem Anschwingen steht, d. h. wenn die Rückkopplung so weit getrieben ist, daß der Gitterkreis ohne Dämpfung fast verlustlos arbeitet. Nun bedarf es in diesem Falle aber meist eines geringen Anstoßes, um die Röhre ins Schwingen zu bringen. Der Empfang wird dadurch zerstört. Es muß neu nachgestimmt werden; der Empfänger arbeitet nicht stabil.

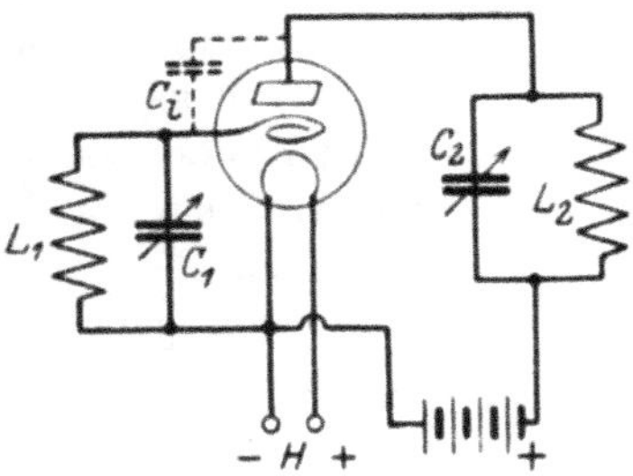

Abb. 20.

Der Grund des Anschwingens der Hochfrequenzröhre liegt in der Kopplung des Gitterkreises mit dem Anodenkreis durch den Kondensator, Gitterspirale-Anodenblech und ihre Zuleitungen (dargestellt durch C_i in Abb. 20). Bei noch so sorgfältigem Aufbau kann man nicht verhindern, daß diese Kapazität immer einige Zentimeter beträgt. Eine Kapazität bedeutet aber für einen Wechselstrom keine Sperre, sondern nur einen Widerstand. Und zwar sinkt der Widerstand eines Kondensators bei Zunahme seiner Größe und der Frequenz des angelegten Wechselstroms.

Die Telegraphie, die fast immer auf Wellen über 1000 m, d. h. mit verhältnismäßig niedrigen Frequenzen arbeitete, hatte daher keine oder nur geringe Schwierigkeiten bei der Hochfrequenzverstärkung. Bei langen Wellen wurden unter Umständen sogar Rückkopplungsanordnungen benutzt, die es erlaubten, den Hochfrequenzverstärker in einen Zustand größter Dämpfungsreduktion und damit höchster Empfindlichkeit zu bringen.

Bei Benutzung von kürzeren Wellen aber, wie sie der Rundfunk besitzt, also bei hohen Frequenzen, macht sich die Kapazität

Gitter — Anode sehr störend bemerkbar und es müssen besondere Anordnungen getroffen werden, um die Schwingneigung der Hochfrequenzröhre zu dämpfen. Die zunächst angewendeten Mittel bezweckten also eine zusätzliche Dämpfung und brachten demgemäß Nachteile. Die Empfindlichkeit und Selektivität wurde herabgedrückt, die erhoffte Verstärkung blieb aus. Immerhin sind eine ganze Reihe solcher Schaltungen bekannt und auch vielfach ausgeführt worden.

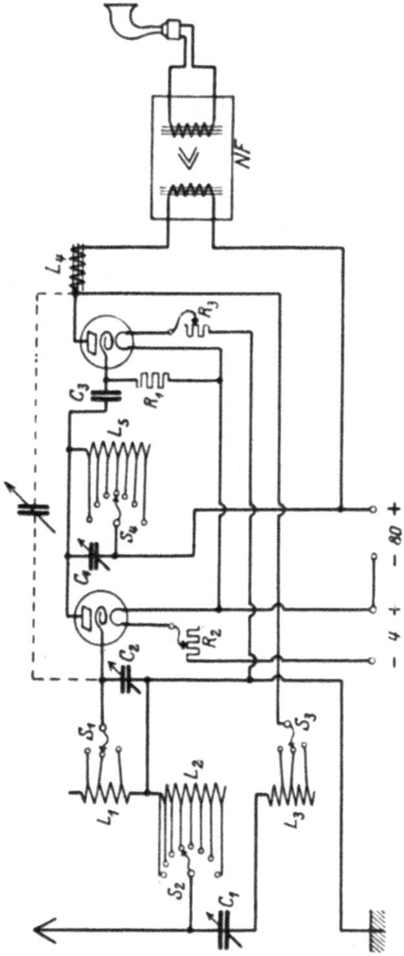

Abb. 21.

Die in Abb. 21 abgebildete Schaltung zeigt einen Reinartzkreis mit einer Hochfrequenzstufe. Die Kopplung der ersten Röhre mit der zweiten geschieht durch den Sperrkreis C_4—L_5. Sie ist ziemlich fest, und ein Schwingen der Hochfrequenzröhre tritt nicht ein. Um die Hochfrequenzröhre an den Schwingpunkt heranzubringen, ist Rückkopplung von der zweiten auf die erste Röhre vorgesehen. Sie ist aber fehlerhaft, da man infolge der Phasenverschiebung von L_3 keine Rückkopplung mehr bekommt. Die für diesen Fall, Rückkopplung von der 2. Röhre auf die 1., richtige Anordnung ist punktiert gezeichnet. Wenn wir uns den Vorgang in der Röhre beim Schwingungserzeugen überlegen, so finden wir, daß in der 2. Röhre die von der 1. Röhre aufgenommenen Anodenwechselspannungen wiederum um 180⁰ verschoben sind und wir erhalten dadurch Phasengleichheit mit den Gitterwechselspannungen der 1. Röhre. Die Rückführung der Energie muß also direkt erfolgen und nicht über eine Spule, die die Spannungen wiederum verschieben würde. Man könnte hier an die Huth-Kühn-Rückkopplung denken. Dann müßte jedoch der Sperrkreis L_5—C_4 (Abb. 21) so dämpfungsfrei hergestellt sein, daß die erste Röhre durch ihre innere Kapazität (Gitteranode) auch tatsächlich zum Schwingen kommt, evtl. muß man noch einen Zusatzblockkondensator von ca. 50—80 cm zwischen Anode und Gitter legen. Die Anordnung der Rückkopplung, wie sie die Abbildung zeigt, würde eine zusätzliche Dämpfung des Gitterkreises der ersten Röhre bringen.

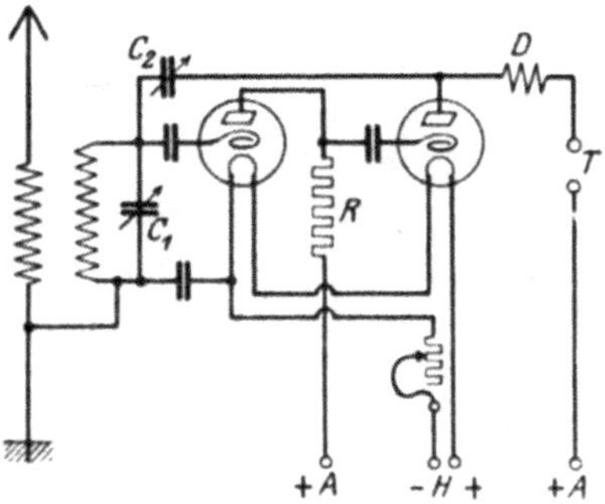

Abb. 22.

Abb. 22 zeigt die von Leithäuser 1919 angegebene Anordnung. Zur Übertragung der Spannungsschwankungen im Anodenkreis der ersten Röhre wird der hochohmige Widerstand R benutzt. Die Röhrenkopplung ist also fest. Zur Rückkopplung dient der Kondensator C_2.

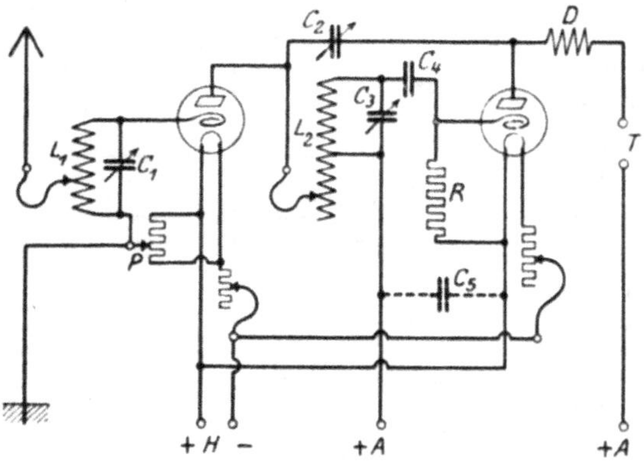

Abb. 23.

Eine Erhöhung der Selektivität, aber auch gleichzeitig der Schwingneigung, bringt lose Kopplung zwischen Hochfrequenzröhre und Audionröhre, und hier muß man zu dämpfenden Mitteln greifen.

Abb. 23. Reinartzschaltung mit Vorröhre. Die Antenne ist mit L_1, Gitterkreis der Vorröhre, galvanisch gekoppelt. Die

Hochfrequenzröhre ist wiederum galvanisch an den Gitterkreis der Audionröhre angekoppelt, L_2—C_3. Die Kopplung ist verhältnismäßig lose, Schwingneigung der Hochfrequenzröhre ist vorhanden. Daher Einbau eines Potentiometers P zum Verschieben des Arbeitspunktes auf der Röhrencharakteristik und dadurch Schwingungsverhinderung. Bleibt das Potentiometer fort, dann muß evtl. Schwingen der ersten Röhre durch festeres Koppeln auf L_2 verhindert werden. Der Audion-Gitterkreis kann entdämpft werden durch C_2. Bei dieser Schaltung empfiehlt es sich, zwischen Anode und Heizleitung einen größeren Kondensator zu legen, C_5.

Abb. 24 zeigt eine Leithäuser-Flewelling-Schaltung mit Vor-

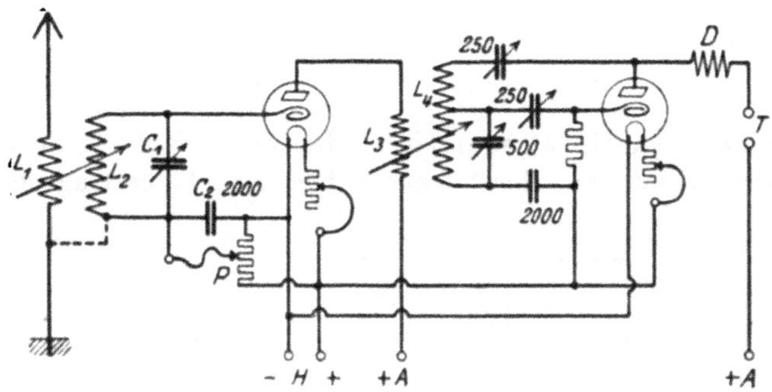

Abb. 24.

röhre, bei der die Schwingung auch durch ein Potentiometer P verhindert wird.

Abb. 25. Leithäuserschaltung (1924). Durch die Rückführung von Anodenenergie in falscher Phase (L_3—C_2, L_6—C_4) wird zusätzliche Dämpfung der Gitterkreise erzielt und das Schwingen der Hochfrequenzröhren verhindert.

Diese letzte Schaltung stellt schon den Übergang dar zu den neuen hochwertigen Entkopplungsanordnungen.

Weiter oben haben wir gehört, daß eine Hochfrequenzröhre durch den inneren Kondensator (C_i, Abb. 20), namentlich beim Verstärken höherer Frequenzen, ins Schwingen gerät. Dieses Schwingen kann nun wirksam verhindert werden, wenn man dem Gitter der Röhre in der Größe (Amplitude) gleiche, in der

Phase aber genau entgegengesetzte Schwingungen, wie sie der Anodenkreis besitzt, zuführt. Dadurch heben sich die Schwingungen gegenseitig auf; der Kondensator Gitter-Anode ist neutralisiert. Es gibt hierbei nun verschiedene Methoden.

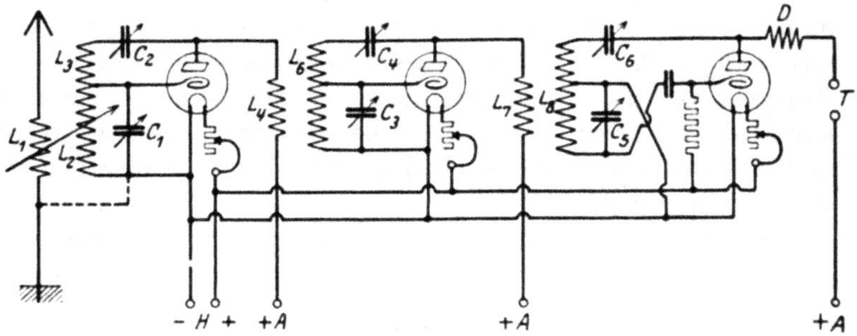

Abb. 25.

Hazeltine (1923) nimmt z. B. die Neutralisationsschwingung aus dem Gitterkreis der folgenden Röhre und überträgt sie dem

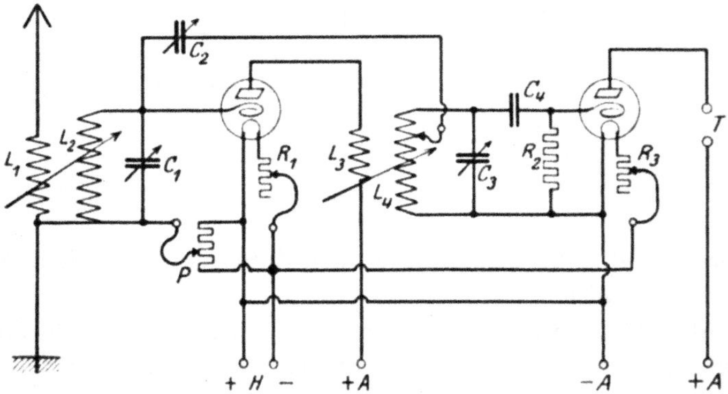

Abb. 26.

Gitter der vorhergehenden durch einen kleinen einstellbaren Kondensator, Abb. 26, C_2. Um den Kondensator nicht gar zu klein machen zu müssen, wird die Gegenschwingung nicht von einer Spulenseite direkt abgenommen, sondern von einer Anzapfung, die mehrere Windungen unterhalb des Spulenendes angebracht ist. Die Amplitude ist hier kleiner, der Kondensator C_2 kann größer gewählt werden. Meist wird aber trotzdem noch ein

Potentiometer P vorgesehen. Dies dient dann nicht mehr zur Schwingungsverhinderung, sondern zum Einstellen des günstigsten Arbeitspunktes auf der Röhrencharakteristik.

Diese Anordnung, unter dem Namen „Neutrodyneschaltung" bekannt, hat aber manche Nachteile.

Die Neutralisation ist nicht stabil; sie ändert sich durch Verändern der Kopplung L_3—L_4 und bei Verwendung anderer Röhren als der ursprünglichen. Die Kopplung L_3—L_4 wird daher meist unveränderlich ausgeführt, was aber in bezug auf die erreichbare Selektivität nicht günstig ist. Große Selektivität wird erst erreicht durch mehr als eine Vorröhre, meist zwei. Dadurch bekommt man aber 3 Abstimmkreise, die Bedienung wird kompliziert, und die Schwierigkeiten beim Neutralisieren werden wesentlich größer

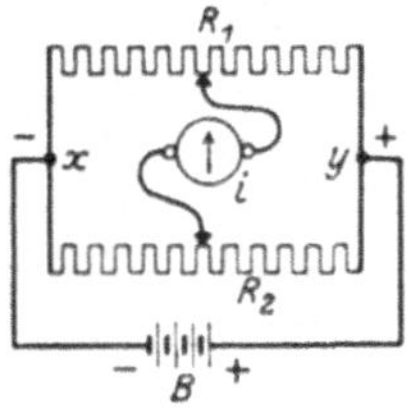

Abb. 27.

Immerhin arbeiteten solche Empfänger bei guter Anordnung und sauberer Abgleichung vorzüglich.

Besser ist es jedoch, wenn man die Neutralisation der Röhren so vornehmen kann, daß sie durch die Übertragerkopplungen nicht beeinflußt wird. Das bringt dann auch den Vorteil, daß man mehrere für sich abgeglichene Hochfrequenzstufen beliebig hintereinanderschalten kann.

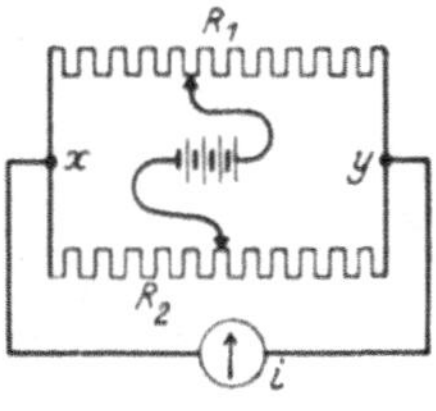

Abb. 28.

Zum besseren Verständnis der nun nachfolgenden Entkopplungsmethode möchte ich etwas weiter ausholen.

In der Abb. 27 sind zwei Widerstände R_1 und R_2 parallel geschaltet. An den Punkten x und y liegt eine Stromquelle B. Das Meßinstrument i wird an Schleifern angeschlossen, die auf R_1 und R_2 gleiten. Verschieben wir die beiden Schleifer auf den Widerständen so lange, bis die Summe der Widerstände auf jeder Seite gleich werden, dann geht i auf O; i verbindet nämlich in diesem Falle zwei Punkte gleicher Spannung, ein Spannungsunterschied und damit ein Stromfluß tritt nicht auf. Es macht auch nichts aus, wenn wir statt i die Batterie B an die Schleifer legen (Abb. 28), und i an die Punkte x und y. Das Meßinstrument i bleibt auf O stehen. Eine solche Kombination, bei der durch Abgleichen ein Zweig in einen

Stromkreise strom- oder spannungslos wird, nennt man Brückenschaltung.

Solche Brückenschaltungen kann man für Gleich- und Wechselstrom in den verschiedensten Variationen zusammenstellen.

In Abb. 29 sehen wir eine Anodenbatterie von 100 Volt. Die Voltmeter i_1 und i_2 sind hintereinander geschaltet und auf — 0 und + 100 gestöpselt. Sind die Widerstände der Instrumente genau gleich, so zeigt jedes 50 Volt an. Wenn man nun im Punkte x anzapft und hier z. B. ein Milliamperemeter i_3 anschließt und auf + 50 (y) einstöpselt, so fließt dennoch kein Strom, weil zwischen x und y kein Spannungsunterschied besteht. Für i_1 ist y der Pluspol, für i_2 der Minuspol; die Ströme im Zweig y—x heben sich also gegenseitig auf. Anders wird die Sache, wenn man i_3 weiter nach Minus oder Plus, z. B. + 40 Volt, einstöpselt. Dann fließt ein Strom im Zweige y—x, der der Differenz des Eigenverbrauchs beider Instrumente entspricht. Angenommen, i_1 brauche zwischen 0 und 40 Volt 2 Milliamp. und i_2 zwischen 40 und 100 Volt 6 Milliamp., dann zeigt i_3 6 — 2 = 4 Milliamp. an.

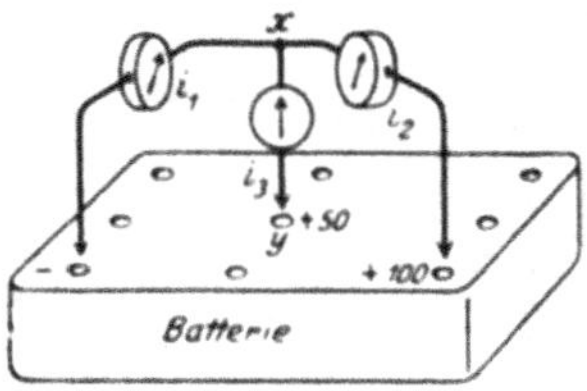

Abb. 29.

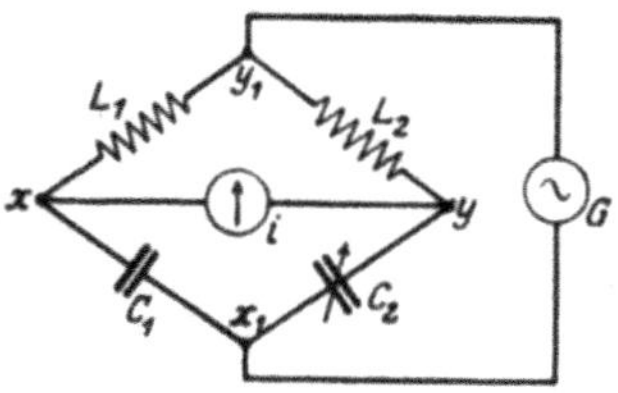

Abb. 30.

Auch das Verhalten des Wechselstroms ist in Brückenschaltungen dasselbe. Widerstände für Wechselstrom sind bekanntlich Selbstinduktionen (Spulen) und Kapazitäten (Kondensatoren).

Bauen wir uns nach Abb. 30 eine Kombination auf, die aus Spulen und Kondensatoren besteht, $L_1 — C_1 — C_2 — L_2$ und legen an die Punkte x und y eine Wechselstromquelle G, dann werden die Punkte x—y strom- und spannungslos, wenn $L_1 + C_1 = C_2 + L_2$ gemacht wird. Das Instrument i zeigt weder Strom noch Spannung an. Auch hier wird die Abgleichung nicht gestört, wenn G statt i zwischen x und y gelegt wird. Es werden dann x_1 und y_1 zu Nullpunkten (Abb. 31). Als Stromquelle für solche Versuche benutzt man am besten einen Summer und als Anzeigeinstrument ein Telephon (Kopfhörer).

Man hat es bei solchen Schaltungen nun ganz in der Hand, durch Verändern eines Widerstandes, z. B. C_2 (Abb. 30), den Zweig x—y stromlos zu machen oder in der einen oder anderen Richtung einen Strom fließen zu lassen.

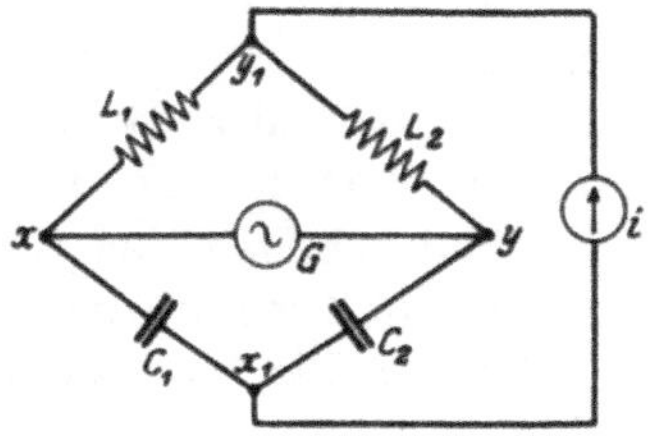

Abb. 31.

Die nächste Abb. 32 stellt einen Schwingkreis dar mit parallel geschaltetem Kondensator. Vergleichen wir mit Abb. 30, so sehen wir, daß beide dasselbe bedeuten. Es wird also auch in Abb. 32 Punkte geben, die beim Anlegen einer Wechselspannung in x—y 0 bleiben. Diese Punkte liegen in der Spulenmitte y_1 und Kondensatormitte x_1.

Auch in einer Transformatorenanordnung (Abb. 33) gibt es

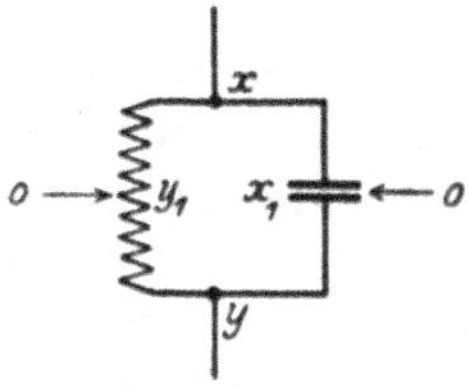

Abb. 32.

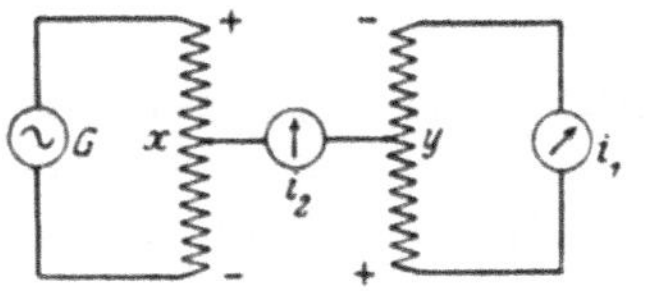

Abb. 33.

zwei Nullpunkte in den Spulen, die miteinander verbunden werden können (x—y, i_2).

Im Sommer 1926 kam nun aus England eine Anordnung zu uns, die von Scott-Taggart herrührt. Die Abb. 34 veranschaulicht sie. Die Schaltung zeigt eine Spule L_1, die durch 2 in Serie liegende und gleichmäßig gedrehte Kondensatoren C_1—C_2 abgestimmt wird. C_1 und C_2 müssen so genau übereinstimmen, daß ihr Kapazitätswert in jeder Stellung der gleiche ist. Die Spule L_1 hat eine Anzapfung genau in der Mitte. Der

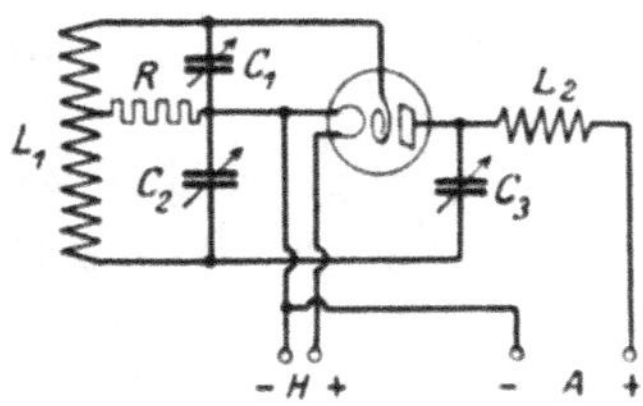

Abb. 34.

Mittelpunkt der Spule und der Mittelpunkt zwischen C_1 und C_2 sind nun durch diese Anordnung auf gleiches Potential gebracht, genau so wie die Punkte x_1 und y_1 in Abb. 30.

Werden diese Punkte miteinander, z. B. durch einen hochohmigen Widerstand R, verbunden, so fließt in diesem also kein Strom. Der Widerstand wird in dieser Anordnung mit der Kathode verbunden und dient zur Leitung der negativen Vorspannung zum Gitter. Die eine Seite der Spule liegt nun am Gitter, während die andere Seite zu einem Entkopplungskondensator C_3 und von dort zur Anode führt. Wir lassen die Kathode außer acht und erhalten das Schema Abb. 35 und machen die Entdeckung, daß wir wieder dieselbe Anordnung vor uns haben wie in Abb. 30. Die Wechselstromquelle G (Abb. 30) wird in Abb. 35 ersetzt durch Wechselspannungen der Anodenleitung K_1—A_1—L_2. L_1—C_1—C_2 stellt den Gitterkreis dar, R den Verbindungswiderstand, C_i den Kondensator Gitter — Anode, C_3 den Entkopplungskondensator. Die Anodenleitung wird nun zwischen C_i und C_3 angesetzt und führt über die Kopplungsspule L_2 zur Anodenbatterie und von dieser zum Kathodenanschlußpunkt K.

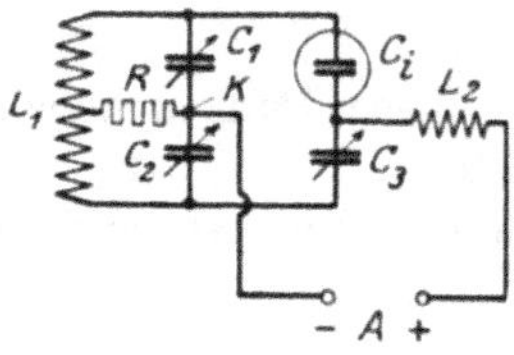

Abb. 35.

Man wird leicht einsehen, daß die Anschlußpunkte der Anode ebenfalls gleiches Potential bekommen und einen Brückenzweig bilden, wenn C_3 gleich der Kapazität C_i gewählt wird. Damit ist der Kondensator Gitter — Anode C_i neutralisiert. Die Entkopplung bleibt auch bei allen Stellungen von C_1—C_2 gewahrt; sie kann nur gestört werden, wenn c_i sich durch Auswechseln der Röhre ändert; es wird dann ein Nachstellen von C_3 erforderlich.

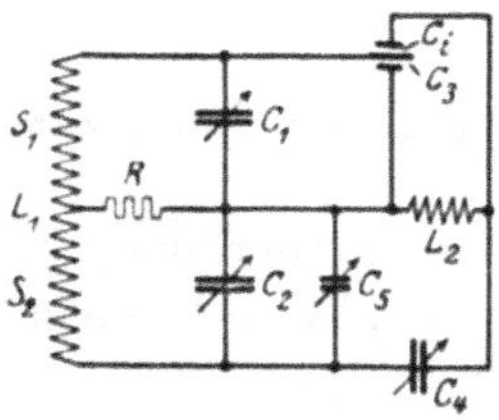

Abb. 36.

Eine Kleinigkeit ist aber noch nicht berücksichtigt worden, nämlich die Kapazität Kathode—Gitter. Dieser Kondensator C_3 (Abb. 36) bedeutet nun, da er parallel zu C_1 liegt, eine geringe gleichbleibende Vergrößerung von C_1. In der Praxis ist der Kondensator so klein, daß man ihn kaum zu berücksichtigen braucht; doch kann er offenbar kompensiert werden durch einen kleinen einstellbaren Kondensator C_5 parallel zu C_2.

Betrachten wir nochmals den Fall, daß in L_2 ein Strom fließt, so verzweigt dieser sich einmal nach C_i und C_4, das andere Mal nach S_1 und S_2. In den Teilen S_1 und S_2 entstehen nun magnetische Felder. Da jedoch der Strom beidemal von innen nach außen fließt, so wirken die Felder einander entgegen und müssen sich immer dann aufheben, wenn die Schaltung abgeglichen ist.

Ähnliche Brückenanordnungen sind auch von anderen (nach Colpitts) für Audionschaltungen benutzt worden und zeigt Abb. 37 eine für Antennen-, Abb. 38 eine für Rahmenempfang. In Abb. 37 wird C_2—C_3 zur Abstimmung von L_1 benutzt. C_1 ist klein und dient zur Feinregelung von C_2—C_3, umgekehrt kann man aber auch C_2—C_3 klein machen und C_1 groß, dann dient C_1 zur Hauptabstimmung.

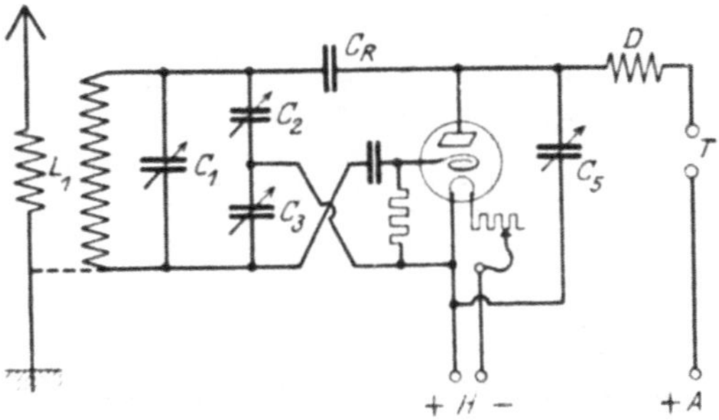

Abb. 37.

Die Übertragung der Rückkopplungsspannungen besorgt CR, während C_5 zu ihrer Regelung dient; dieselbe Regelung, die wir aus Abb. 2 schon kennen.

Bei Abb. 38 ist als Selbstinduktion ein Rahmen benutzt. Die Rückkopplung ist durch veränderlichen Kondensator CR bewirkt, alles übrige wie vorher.

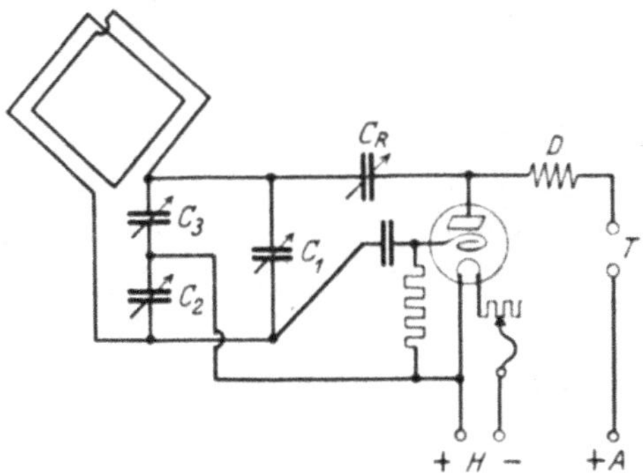

Abb. 38.

Es gibt auch zahlreiche andere Anordnungen dieser Art, die zum Teil recht weit hergeholt sind wie z. B. die Schaltung Abb. 39 (Wireless 1. 1926), deren Ausführung sich auch für den Amateur kaum empfehlen dürfte.

Die einfachste Brückenentkopplung stellt wohl die Leithäusersche dar, die mit wenig Teilen auskommt und praktisch die gleichen Vorteile aufweist wie die komplizierte Schaltung nach Scott-Taggart.

Abb. 40 veranschaulicht das Prinzipbild. Zeichnen wir das Schema dazu, Abb. 41, so erkennen wir auch hier eine Brückenschaltung. Es fallen uns hier aber die ungleichen Zweige der Brücke auf. Der Wechselstrom, der in der Anodenspule L_3 schwingt, verzweigt sich auch hier nach C_1 und C_i und nach L_1 und L_2. Wird C_1 nun so groß gemacht, daß das Spulenfeld in L_2 die gleiche, aber entgegengesetzte Größe wie das Feld von L_1 erhält, so ist auch hier eine Abgleichung vorhanden.

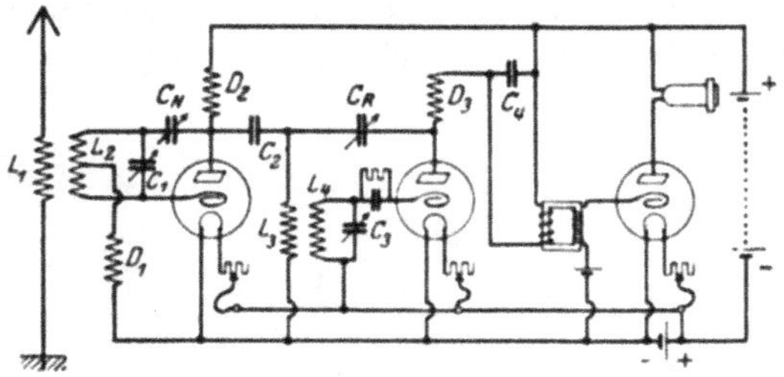

Abb. 39.

Wird jedoch C_1 klein gemacht, dann überwiegt das Feld von L_1 und es tritt Rückkopplung ein durch innere Röhrenkapazität C_i.

Machen wir aber C_1 groß und sperren außerdem den direkten Weg zur Kathode durch eine Drossel, so gelangt der größte Teil

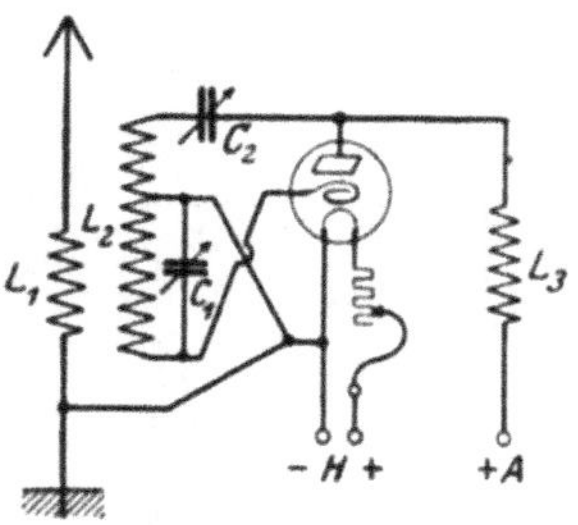

Abb. 40.

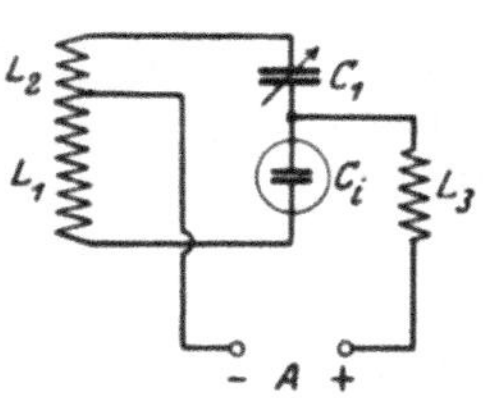

Abb. 41.

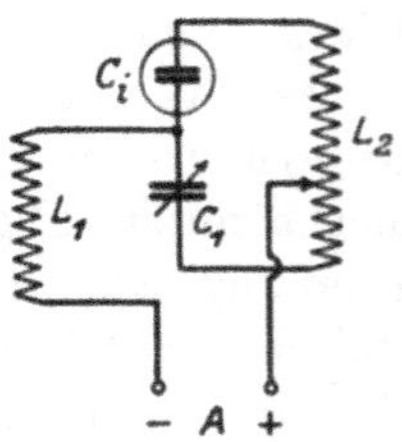

Abb. 42.

des Stromes über C_1 nach L_2, und das entstehende Spulenfeld unterstützt nun die Schwingungen in L_1 (Gitterkreis der Röhre). Jetzt haben wir auch die Erklärung, daß dieselbe Schaltung einmal entkoppelnd oder besser gesagt, gegenkoppelnd wirkt und das andere Mal rückkoppelnd.

Diese Anordnung kann auch umgekehrt getroffen werden, Abb. 42. Hier bedeutet L_1 die Gitterkreisspule, C_i Gitter—Anode, C_1 den Entkopplungskondensator und L_2 die Anodenspule. In dieser Anordnung ist der Gitterkreis die Brücke, die durch L_2—C_i—C_1 des Anodenkreises abgeglichen wird.

Alle diese Entkopplungsanordnungen haben sich in der Praxis gut bewährt und die beiden letzten kommen hauptsächlich für den Amateur in Frage, weil sie mit geringem Aufwand an Mitteln herzustellen sind.

Zwar sind die letzten beiden Anordnungen nicht ganz frequenzunabhängig, doch macht sich dies nur wenig oder gar nicht bemerkbar. Von Vorteil ist aber der jederzeit von außen leicht zu handhabende Entkopplungskondensator, der es z. B. erlaubt, die erste Röhre auf den Punkt kurz vor dem Anschwingen und damit auf höchste Empfindlichkeit zu bringen. Das ist mit ein Grund, daß diese Schaltung so erfolgreich ist und eine enorme Hochfrqeuenzverstärkung bringt.

C. Reflexanordnungen.

Da die Röhren in den *HF*-Stufen nur mit sehr geringen Strömen belastet werden, so findet natürlich auch nur eine sehr

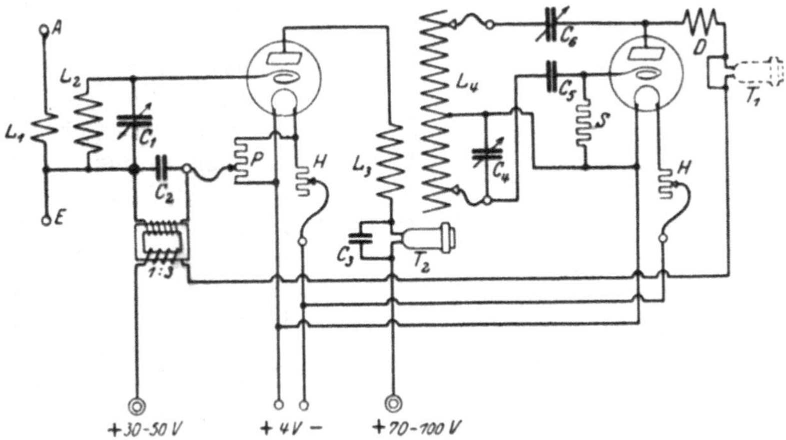

Abb. 43.

geringe Ausnutzung statt. Es lag nun nahe, den Versuch zu machen, die Röhren dadurch besser auszunutzen, daß man den gleichgerichteten niederfrequenten Empfangsstrom den *HF*-Röhren noch einmal zuführte, also dem *HF*-Strom überlagerte

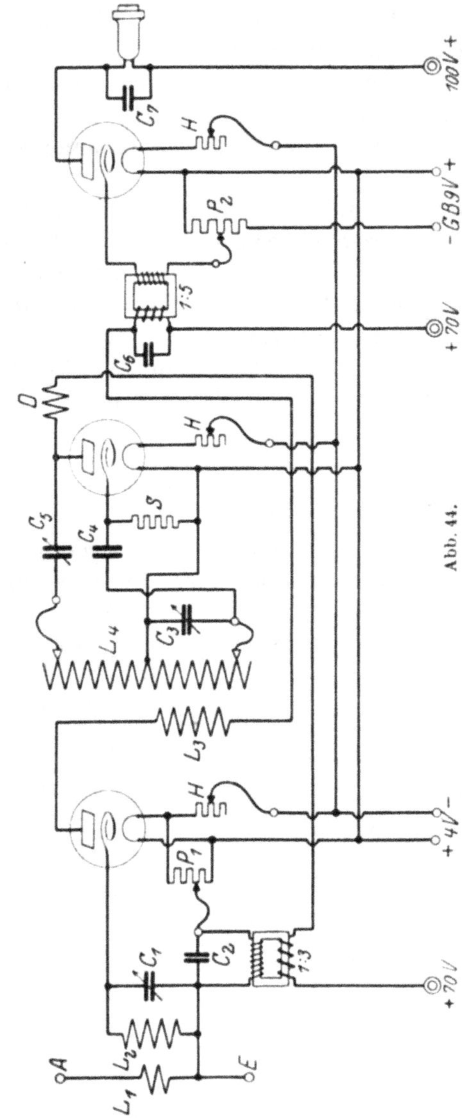

Abb. 44.

und so die Verstärkerwirkung der Röhre doppelt ausnutzte. Der Anodenstrom wird gewissermaßen zweifach gesteuert, einmal im Rhythmus der *HF*-Schwingungen und das andere Mal im sehr viel langsameren Rythmus der Tonfrequenz. Die Schwierigkeit bei diesen Reflexschaltungen besteht zum großen Teil darin, die Wege der Hochfrequenz und der Niederfrequenz sauber voneinander zu trennen. Als Mittel hierzu dienen Kondensatoren, die ja bekanntlich Wechselstromwiderstände darstellen. Die andere Schwierigkeit liegt in der Leitungsführung. Bei schlechter Leitungsführung treten nämlich durch kapazitive Kopplungen Überlagerungen in Hoch- oder Tonfrequenz auf, die sich meist durch ohrenzerreißendes Pfeifen und Heulen kundtun.

Ein Reflexempfänger kann noch so gut sein, er wird nie die Reinheit einer einfachen Schaltung erreichen können. Auch ist er verhältnismäßig nicht so lautstark. Ich meinerseits möchte die Reflexschaltungen im Leithäuserkreis nicht empfehlen und rate auch allen denjenigen davon ab, die Genuß an reiner Musik haben und ihre Apparate auch auf Tonreinheit züchten.

In den Leithäuserschaltungen können natürlich die Reflexkombinationen angewendet werden, doch geht hierbei ihr größter Vorzug, die Tonreinheit, zum Teil verloren, da beim Überlagern der Hoch- und Niederfrequenzschwingungen doch geringe Interferenzen und Verzerrungen auftreten. Doch seien der Vollständigkeit halber einige Reflexkombinationen erwähnt.

Abb. 43 zeigt einen Zweiröhrenempfänger mit 1 *Hf*-, 1 A, und reflektierter *NF*-Stufe. Das Telephon liegt im Anodenkreis der ersten Röhre und wird für die Hochfrequenz mit einem Blockkondensator überbrückt. Ebenso muß die Sekundärwicklung des *NF*-Transformators mit einem Kondensator geshuntet werden, als Weg für die Hochfrequenz. Die Transformatorenkerne müssen geerdet werden. Dagegen kann die Erdung des Empfängers unterbleiben.

Abb. 44. 3-Röhren-Reflex-Schaltung mit einfacher Reflektierung auf die erste *HF*-Röhre und mit einer separaten zweiten *NF*-Stufe. Die *HF*-Röhren müssen hohen Emissionsstrom haben, damit bei der Niederfrequenzverstärkung keine Verzerrungen auftreten.

D. Niederfrequenz-Verstärkeranordnungen.

Grundsätzlich eignen sich alle Niederfrequenz-Verstärker zum Anschalten an die Leithäuser-Reinartz-Schaltungen. Da jedoch die Verstärkung immer dem gewollten Zweck entsprechen soll, so seien nachstehend die Arten kurz beschrieben.

Die älteste Anordnung ist wohl die Transformatorenverstärkung, Abb. 45. Sie bringt große Lautstärke, neigt aber in der zweiten Stufe bereits zu Bevorzugungen gewisser Tonfrequenzen, wenn die Transformatoren nicht hochwertig sind und bestimmten Bedingungen entsprechen. Zwar kann man durch Shunten der Primär- oder Sekundärseiten der Transformatoren diese Mängel beheben; doch wird dadurch gleichzeitig die Lautstärke herabgesetzt. Die Übersetzungsverhältnisse sind für die erste Stufe 1:7 und für die zweite 1:3 üblich und vorteilhaft.

In der zweiten Stufe muß immer ein Rohr hoher Emission verwendet werden, damit Übersteuerungen, die Verzerrung von

Sprache und Musik zur Folge haben, vermieden werden. Die zweite Stufe benötigt auch eine negative Vorspannung des Gitters

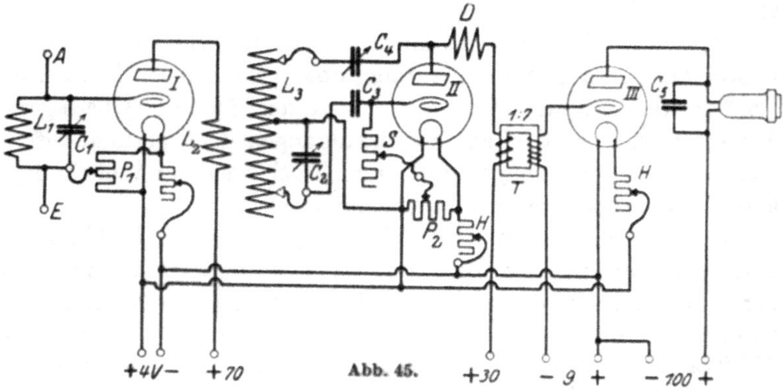

Abb. 45.

von 2—15 Volt je nach Röhrenart und Anodenspannung. Die Vorspannung wird einer besonderen Gitterbatterie oder auch der Anodenbatterie entnommen.

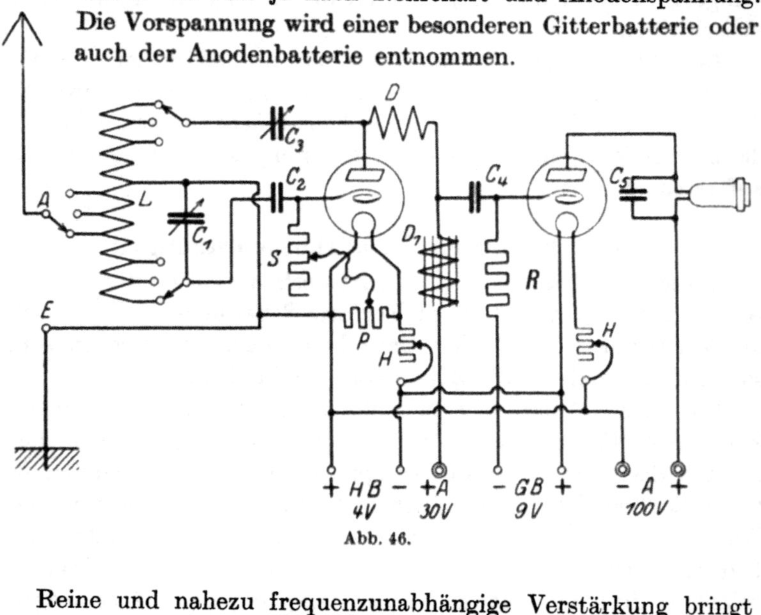

Abb. 46.

Reine und nahezu frequenzunabhängige Verstärkung bringt die Drosselkopplung Abb. 46. Die Spannungsschwankungen an der Drossel D_1 werden durch C_4 (ca. 1500 cm) auf die zweite Röhre übertragen. Der Widerstand R (ca. 1 Megohm) leitet die Gitterladungen ab. Als Drossel benutzt man am einfachsten einen normalen Niederfrequenz-Transformator, dessen Wicklungen man hintereinander schaltet.

Bei einem 2stufigen Verstärker wird vorteilhaft für die erste Stufe ein Transformator, für die zweite eine Drossel gewählt. Der Widerstand *R* kann auch nach Minus-Heizung abgeleitet werden. Die Gitterbatterie wird dann überflüssig. Das Gitter erhält die negative Vorspannung durch die Aufladungen des Gitterkondensators. Die Lautstärke ist nicht ganz so groß wie bei Benutzung von Transformatoren.

Die reinste Verstärkung bewirkt Widerstandskopplung der

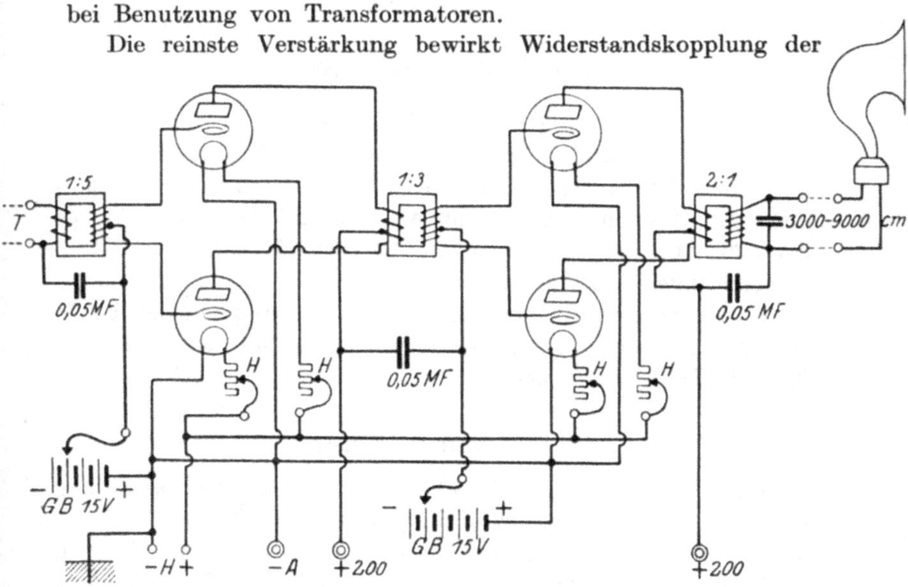

Abb. 47.

einzelnen Stufen. Die Drossel D_1 wird durch einen hochohmigen Widerstand ersetzt, der dem Röhrenwiderstand angepaßt sein muß. Seine Größe (ca. 0,3 Megohm) muß ausprobiert werden.

Bei Verwendung normaler Röhren ist die Lautstärke nicht groß. Doch gibt es heute schon Spezialröhren für diese Verstarkungsart, die die Wirkung bedeutend steigern.

Für Vorführungen in großen Sälen, zum gleichzeitigen Betriebe mehrerer Lautsprecher wendet man Kraftverstärker an, deren Röhren im Gegentakt arbeiten. Die Schaltung eines

Gegentaktverstärkers zeigt Abb. 47. Dieser Verstärker wird hinter die erste oder auch zweite Niederfrequenzstufe des Empfängers geschaltet und bringt enorme Lautstärke. Der Betrieb ist jedoch teuer, da man zur Anodenspeisung teure und vielzellige Akkumulatorenbatterien benötigt. Neuerdings ist es auch gelungen, den benötigten Heiz- und Anodenstrom für Gegentaktverstärker aus dem Lichtnetz zu entnehmen.

II. Bauanleitungen.

A. Die Antennen.

Viele Funkfreunde in der Stadt, denen die Möglichkeit zur Anlage einer Hochantenne fehlt, müssen zum Bau einer Zimmerantenne schreiten. Die Zimmerantenne hat bei guter Anlage etwa 30—60% der Aufnahmefähigkeit einer Hochantenne. Nachstehend einige Richtlinien zum Bau:

Man kann sowohl Antennenlitze als auch besponnenen Draht sog. Wachsdraht benutzen, doch gehe man möglichst nicht unter 0,8 mm Drahtstärke herab.

1. Zimmerantenne.

Ein Draht von ca. 25—40 m Länge wird zickzackförmig (Abb. 48) unter der Zimmerdecke gespannt, ein Ende endet frei, das andere wird zum Apparat geführt. Von Decke und Wänden bleibe man mindestens 20 cm entfernt und lege die Aufhängepunkte (*a*) nicht näher, als 80 cm zusammen. Man vermeide möglichst die Nähe der Gas- und elektrischen Leitungen, kreuze diese Leitungen möglichst im rechten Winkel. Ist man zum Parallelführen gezwungen, so bleibe man mindestens 60 cm ab. Aufhängen kann man den Draht mit gewöhnlicher Hanfschnur, doch ist es gut sie vorher in geschmolzenes Paraffin zu tauchen. Porzellaneier oder Porzellanisolatoren sind nicht nötig.

Eine andere Art der Zimmerantenne zeigt Abb. 49, bei deren Anlage obige Punkte ebenfalls zu beachten sind. Wirkt eine Zimmerantenne sehr schlecht, so tut man gut, sie in anderer Richtung zu verlegen. Steht ein genügend großes Zimmer nicht zur Verfügung, so kann man auch andere Zimmer oder Korridor zur Hilfe nehmen. Die dann notwendigen Wanddurchführungen müssen gut isoliert sein.

Eine Abart der Zimmerantenne ist die sog. Dachbodenantenne, sie wird prinzipiell genau so angelegt, hat aber einen wesentlich besseren Wirkungsgrad. Da sich in ihr unter Umständen statische Ladungen bilden können, so empfiehlt es sich einen Erdungsschalter einzubauen. Die Zimmerantenne braucht keine Erdung.

Es kann ferner als Hilfsantenne benutzt werden: das Regenabfallrohr (Dachrinne), eiserne Schneegitter an der Dachkante,

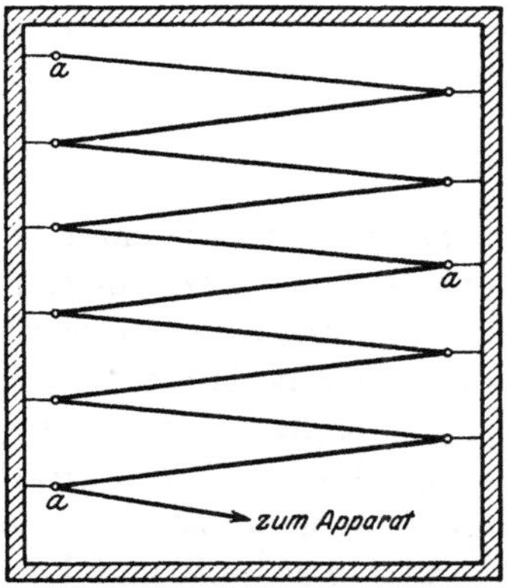

Abb. 48.

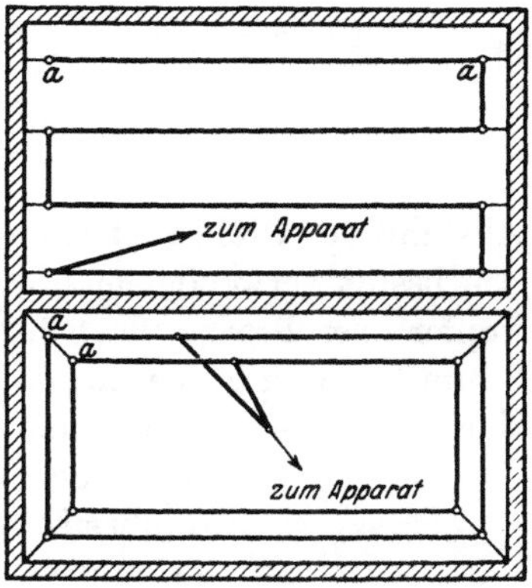

Abb. 49.

der Zinkblechbelag an Mauerbrüstungen, die Gasleitung, die Hausklingelleitung und die elektrische Lichtleitung. Bei Verwendung der Lichtleitung muß ein geprüfter, glimmerisolierter Kondensator von 300—5000 cm Kapazität vorgeschaltet werden. Ein veränderlicher Kondensator läßt hierbei unter Umständen ein Optimum erzielen.

Alle diese Arten von Antennen führen bezeichnenderweise den Namen Hilfsantennen.

2. Hochantenne.

Wer aber die Möglichkeit hat zum Bau der klassischen Hochantenne, dem sei unbedingt dazu geraten. Nur die gut angelegte Hochantenne bringt maximale Lautstärke und Reichweite.

Beim Bau einer Hochantenne müssen verschiedene Punkte berücksichtigt werden. Im allgemeinen kann man sagen, daß eine Hochantenne um so besser sei, je höher und freier sie aufgebaut ist. Die bewährteste Form ist das T, entweder ein- oder mehrdrähtig. Kann eine gestreckte Drahtlänge von 25—30 m untergebracht werden, dann ist es zwecklos mehr als 2 Drähte zu nehmen, nur bei Längen unter 20 m nehme man 3 Drähte. Der

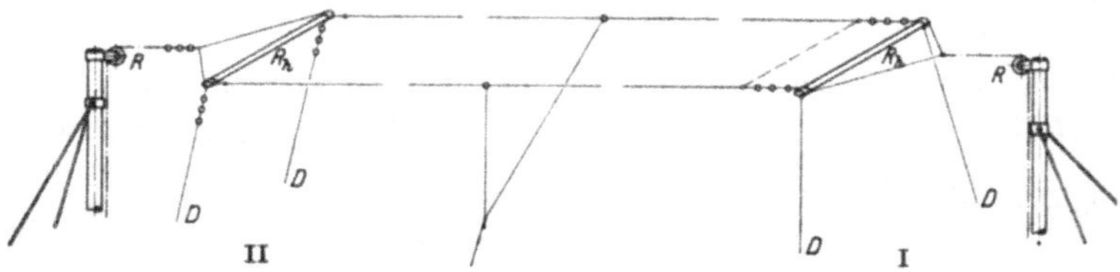

Abb. 50.

Abstand der Drähte sei 1,5 m evtl. mehr, doch niemals unter 1 m. Am besten verwendet man die bekannte Antennenlitze aus Hartkupfer oder Bronze, doch hüte man sich unter eine Stärke von 2 mm herunter zu gehen, da eine solche Antenne infolge Oxydation des Kupfers nur kurze Lebensdauer besitzt und in keiner Weise den Witterungseinflüssen, Sturm, Frost, Rauhreif und Schnee gewachsen ist. Zur Isolation der Antennendrähte verwende man kräftige, aus verzinktem Drahtseil oder dickem verzinktem Draht hergestellte Eierketten von mindestens 3 Eiern. Man kann entweder die Drähte einzeln isolieren (Abb. 50/I) oder die Enden verbinden und die Rahe isolieren (Abb. 50/II). Beides ist gleich gut. Gegen seitliches Schwanken wird die Antenne gesichert durch Abspanndrähte *D*, die im Fall I direkt, im Fall II mittels Eierketten an den Rahenenden angebracht werden. Die Masten, an denen die Antenne aufgehängt wird, müssen fest stehen und mit mindestens 2, besser 3 Drahtseilen aus verzinntem Eisendraht nicht unter 3 mm Gesamtstärke zuverlässig abgespannt werden. Die Rahe *Rh* darf nicht zu schwach sein, geeignet hierfür ist astreines Kiefernholz von ovalem Querschnitt ca. 4½—2½ cm (Abb. 51). Besser ist jedoch Bambus von mindestens 25 mm Stärke. Masten und Rahen aus Holz streicht man

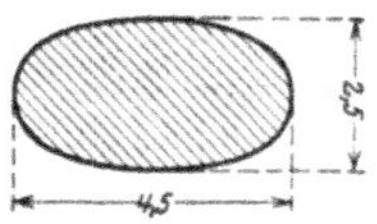

Abb. 51.

zweckmäßig wetterfest mit Karbolineum. Eiserne Masten müssen jeder eine besondere Blitzschutzerdleitung haben.

Die Verbindung der Antennenlitze mit den Eierketten wird entweder durch eine Schleife und fester, Windung an Windung liegender Wicklung von geglühtem, 0,5 mm starkem Kupferdraht hergestellt, oder mit der käuflichen zugelassenen Antennenklemme. Lötungen sind nur zulässig an von Zug entlasteten Stellen. Die Abzweige der Zuführungsdrähte mache man mit besonderer Sorgfalt und genau in der Mitte. Eine bewährte Ausführung zeigt Abb. 52. *R* ist ein starker, verzinkter, eiserner Ring. *L* ist die gelötete Verbindung der beiden horizontalen Drahthälften untereinander und mit dem Abzweig *A*.

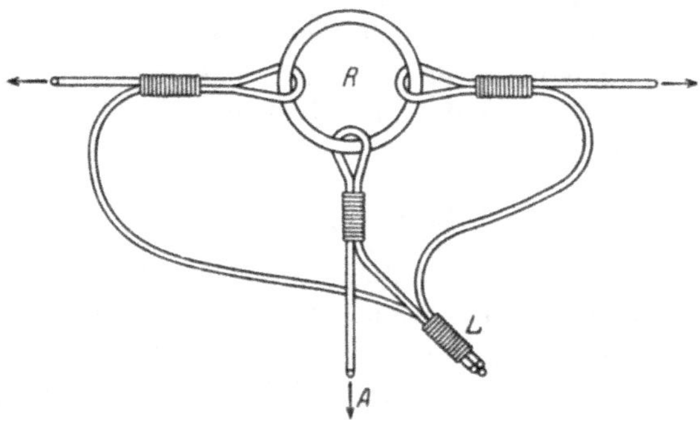

Abb. 52.

Die Zuführungsdrähte vereinige man ca. 3—4 m unter den Antennendrähten durch Drahtwickel oder Antennenklemmen. Der weitergehende Draht wird dann an der Einführungsstelle, Fenster oder Wand, wieder mittels Eierkette abgespannt und gleich hier der Erdschalter angebracht. Wand- und Fensterdurchführungen müssen mit gutem Isolierrohr aus Hartgummi, Porzellan oder Fiber hergestellt werden.

Als Blitzerdung dient wohl in den meisten Fällen die Wasserleitung. Die Benutzung der Zentralheizung ist nicht zulässig. Sie kann aber unter Umständen eine gute Empfangserde sein. Der vom Antennenschalter zur Erde führende Draht muß aus Kupfer bestehen und mindestens 2,5 mm^2 Querschnitt haben, er muß auf möglichst kurzem Wege und ohne scharfe Knicke verlegt sein.

Innerhalb des Zimmers verlegt man die Zuleitung auf 10 cm hohen Porzellanisolatoren. Die Erdleitung, möglichst entfernt davon, kann direkt auf der Wand oder auf der Fußbodenrandleiste verlegt werden.

Eine ausgezeichnete Erde ist in allen Fällen ein etwa 3—4 m langes, 2 Zoll starkes verzinktes Gasrohr, das in die Erde, Vorgarten oder Hof geschlagen wird und an das dann der Erdleitungsdraht angeklemmt und gelötet wird. Auch bringt diese Erde meistens gute Befreiung von vagabundierenden Strömen und Störgeräuschen.

Bei Führung der Antenne vermeide man die Nähe von Mauern, Schornsteinen und Blitzableitern sowie Parallelführung mit Licht- und Kraftleitung, Dachrinnen, Schneegittern und besonders anderen Antennen. Kreuzungen sollen rechtwinklig oder nicht unter 60^0 und einem Abstand von 2 m erfolgen. Wer diese Punkte beachtet, dem wird auch seine Hochantenne niemals Anlaß zu Klagen geben.

3. Rahmenantenne.

Wir kommen jetzt zur dritten Antennenart der Rahmenantenne. Die Rahmenantenne ist eigentlich weiter nichts, als eine große Spule und ihre Aufnahmefähigkeit ist abhängig vom Durchmesser. Die Rahmenantenne hat Richtwirkung, d. h. dreht man ihre Schmalseite dem Sender zu, so erhält man ein Maximum der Lautstärke; ist aber die Rahmenebene auf den Sender gerichtet, so erhält man ein Lautstärkeminimum. Die Rahmenantenne nimmt etwa nur ein Tausendstel der Energie auf, die man mittels Hochantenne erhält und ihre Verwendung ist daher stets an die Benutzung von *HF*-Verstärkung gebunden. Ein Vorteil ist ihre große Störungsfreiheit und geringe Strahlungsfähigkeit.

Der Empfang mittels Rahmenantenne sei dem fortgeschrittenen Funkfreund sehr empfohlen.

Grundsätzlich gibt es 2 Arten der Rahmenantenne. Bei der einen Art liegen die Windungen nebeneinander, I, bei der anderen schneckenförmig übereinander, II. (Abb. 53.)

Man stellt den Rahmen auf die Spitze, damit er vom Erdfeld möglichst unbeeinflußt bleibt. Das Optimum wird erzielt bei runder Form und kapazitätfreier Wicklung. Abb. 54/55 zeigt eine nach diesen Grundsätzen gebaute Rahmenantenne.

Der Rahmen besteht aus 2 Holzreifen (Kinderspielreifen) von 80 u. 60 cm Durchmesser, die durch eine ungerade Anzahl (13—15)

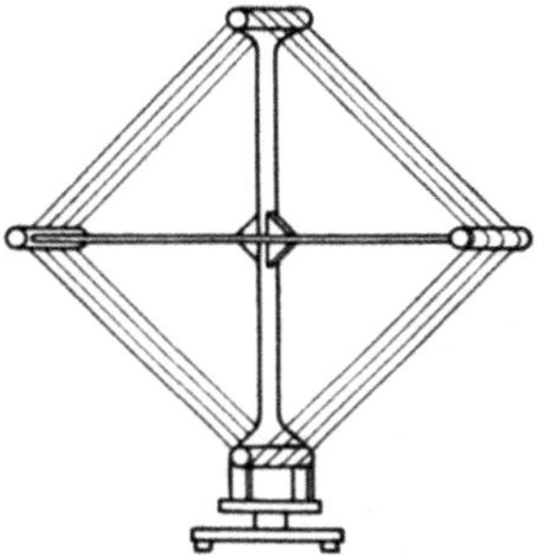

Abb. 53/I.

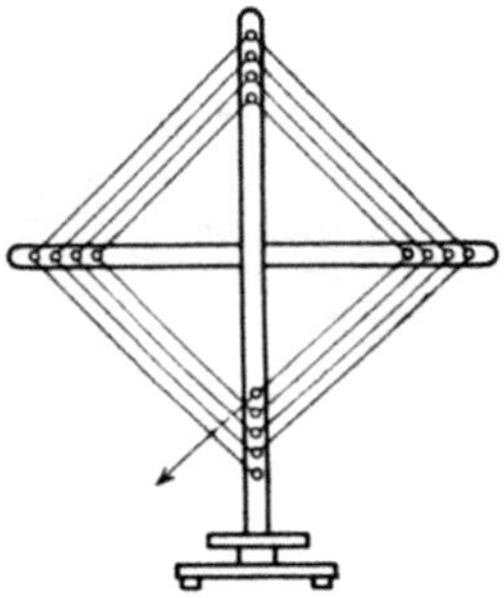

Abb. 53/II.

Stäbchen (Abb. 55 rechts unten) verbunden sind. Die Wicklung, am besten aus Hochfrequenzlitze, besteht aus 11 Windungen, die

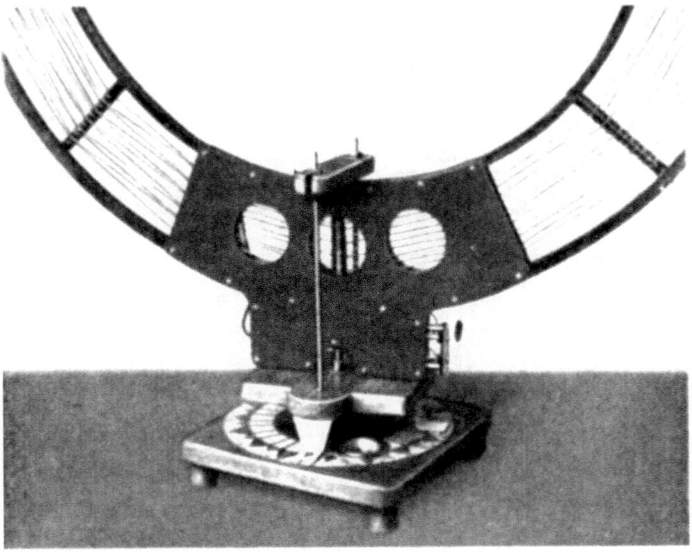

Abb. 54.

wie eine Sternspule, mit 5 mm Abstand aufgebracht wird. Die Enden werden zu Steckbuchsen geführt, die mittels Hartgummileisten am Rahmenfuß angebracht sind. Die Konstruktion des drehbaren Untersatzes, der mit Gradskala, Kompaß und Zeiger ausgerüstet ist, geht ohne weiteres aus der Zeich-

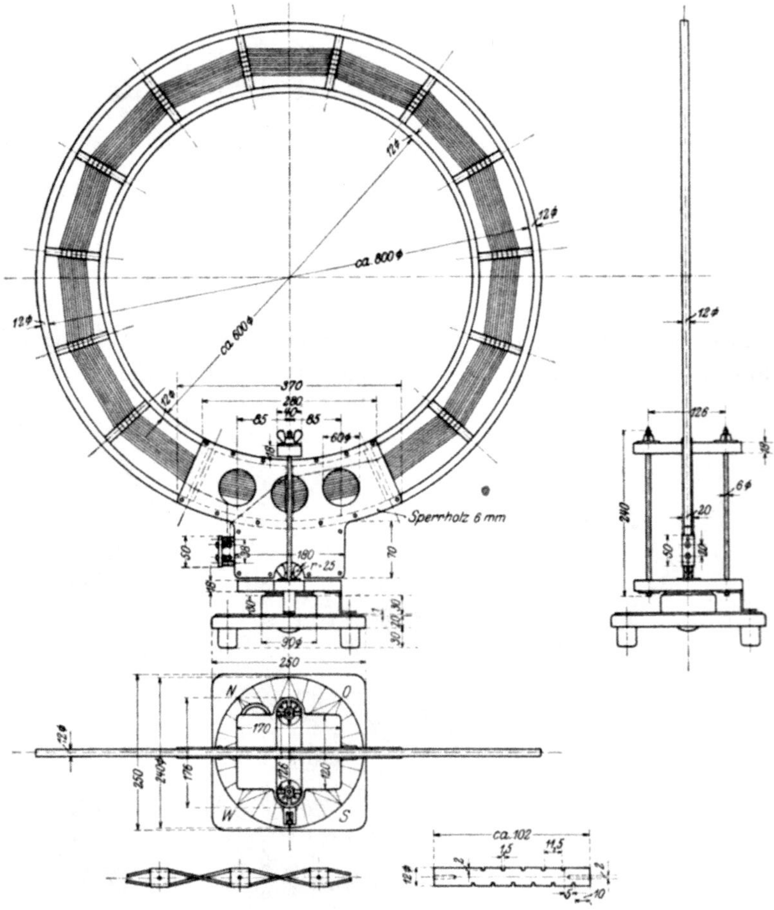

Abb. 55.

nung hervor. Der Vorteil dieser Rahmenantenne besteht darin, daß sie durch Zusammenschalten von bis zu 5 der oben beschriebenen Einzelrahmen zum Empfang der längsten Wellen geeignet ist.

Stückliste.

1. Grundplatte 250 × 250 × 20. 2. 4 Gummifüße 30 × 30 ⌀. 3. 1 Windrose 240 ⌀ mit Ausschnitt für Kompaß und Abdeckplatte aus Cellon. 4. 1 Drehbock, Holz. 90 ⌀ × 30, abgedeckt mit 1 mm Messingblech. 5. 1 Spannrahmen, Grundplatte Holz 16 mm, mit 2 seitlichen Spannschrauben mit Flügelmuttern, 1 Querbügel mit Schlitzlöchern, 2 Skalenzeigern und durchgehender Achsenschraube mit Scheibe und Flügelmutter. 6. 2 Holzreifen 800 ⌀ und 600 ⌀. 7. 15 Verbindungsstäbchen mit Einschnitten. 8. 1 Fuß mit 2 Abdeckplatten aus 5 mm Sperrholz, Steckbuchsenleiste und Steckbuchsen. 9. 1 Kompaß, div. Holzschrauben aus Messing und ca. 30 m Antennen- oder Hochfrequenzlitze.

B. Spulenbau.

Ehe wir zum eigentlichen Apparatebau schreiten, müssen wir uns noch darüber orientieren, wie die geeignete Größe von Spulen bestimmt, wie ein Schwingkreis für bestimmte Wellen bemessen und wie die verwendeten Spulen hergestellt werden.

Die Wellenlänge eines Schwingkreises wird errechnet aus der Selbstinduktion der Spule (L) und der Kapazität (C) des Kondensators. Die Formel lautet:

$$\lambda_m = \frac{2\pi}{100} \cdot \sqrt{C \cdot L}\,.$$

Beispiel: Gegeben eine Honigwabenspule von 50 Windungen, gleich 106000 cm, und ein Drehkondensator C gleich 80—500 cm (Drehkondensatoren besitzen im allgemeinen eine Anfangskapazität von ca. 10% des Endwertes). Welche Wellenlänge kann ich damit erzielen?

1. $\lambda = \frac{6{,}28}{100} \cdot \sqrt{80 \cdot 106000} = 0{,}0628 \cdot \sqrt{8480000}$
$= 0{,}0628 \cdot 2900 = \mathbf{176\ m.}$

2. $\lambda = 0{,}0628 \cdot \sqrt{500 \cdot 106000} = 0{,}0628 \cdot \sqrt{53000000}$
$= 0{,}0628 \cdot 7280 = \mathbf{457\ m.}$

Wir bestreichen also einen Wellenbereich von ca. 180—450 m. Würden wir statt des 500 cm-Kondensators einen solchen von 1000 cm wählen, so erhielten wir ein Bereich von ca. 200—650 m.

Nun haben wir es aber bei den meisten Reinartzschaltungen mit festeingebauten Zylinderspulen zu tun, die wir selbst herstellen und deren Selbstinduktion also zunächst nicht bekannt ist. Wir müssen also feststellen, wie groß die Selbstinduktion einer Zylinderspule von gegebenen Massen ist.

Wir wollen als Beispiel die Spule L_3 des später beschriebenen Vierröhrenempfängers (Abb. 113) durchrechnen. Die Maße der dort angegebenen Spule sind: $D = 9$ cm, Draht 0,5 mm ein- bis zweimal mit Baumwolle umsponnen (einmal genügt). In Betracht kommt für uns die Anzahl der Windungen zwischen den beiden Anschlüssen des Gitterkreises, also einmal das Ende der Spule und das andere Mal der Abgriff der Erdleitung. Es sind vorgesehen 120 Windungen. Der erste Abgriff ist bei der 30. Windung. Wickeln wir zunächst einmal probehalber eine Anzahl Windungen dicht nebeneinander, so finden wir, daß bei der gewählten Drahtstärke von 0,5 mm etwa 12½ Windungen auf den laufenden Zentimeter kommen. 120 Windungen hätten demnach

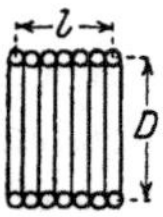

Abb. 56a.

Abb. 56b.

Abb. 56c.

eine Länge von $\frac{120}{12,5} = 9,6$ cm und 30 Windungen eine Länge von $\frac{30}{12,5} = 2,4$ cm. Die Formel für die Selbstinduktion einer Spule lautet: $L_{\mathrm{cm}} = 10 \cdot \frac{(w \cdot D)^2}{l} \cdot f$ (Bedeutung der Buchstaben siehe auch die Tabelle im Anhang). Der Wert von f hängt vom Verhältnis der Länge und des Durchmessers zueinander ab (die Abb. 56 *a*, *b*, *c* zeigt wie l und D zu messen sind), kurz Verhältnis l/D genannt. Den Wert hierfür entnehmen wir für den Fall I, 120 Windungen $l = 9,6$ cm, $D = 9$ cm, $\frac{9,6}{9} = 1,06$ aus der Kurventafel des Anhangs (Tafel II) in Kurve A über dem Werte 1. Die senkrechte, von 1 hochgehende Linie schneidet die Kurve A. Gehen wir nun von diesem Punkte aus wagerecht nach links, so finden wir die Zahl 0,68 oder rund 0,7 und dies ist der gesuchte Wert für f (f wird auch Spulenfaktor genannt). f ist also $= 0,7$, w (Windungszahl) $= 120$, $D = 9$ cm und $l = 0,6$ cm. Diese Werte in die Formel eingesetzt und ausgerechnet ergibt:

$$L_{cm} = 10 \cdot \frac{(120 \cdot 9)^2}{9,6} \cdot 07 = 10 \cdot \frac{1166000}{9,6} \cdot 07 = 10 \cdot 121500 \cdot 0,7$$

$$= 1215000 \cdot 0,7 = \text{rund } \mathbf{850000\ cm} \text{ Induktion,}$$

und im Falle II, $l = 2,4$ cm, $D = 9$ cm, $w = 30$, $l/D = \frac{2,4}{9} = 0,26$;

der Wert für f liegt diesmal auf der Kurve D über 0,26 und man liest links 0,38 oder rund 0,4 ab. Eingesetzt und ausgerechnet ergibt sich:

$$L_{cm} = 10 \cdot \frac{(30 \cdot 9)^2}{2,4} \cdot 0,4 = 10 \cdot \frac{72900}{2,4} \cdot 0,4 = \mathbf{120000\ cm.}$$

Mit einem Drehkondensator von 80—500 cm erhalten wir mit dem ersten Abgriff der Spule eine Wellenlänge von 190 m und mit der ganzen Spule und ganz hereingedrehtem Kondensator ca. 1200 m.

Ist L und C bekannt, dann können wir auch die zugehörige Wellenlänge aus der Fluchtlinientafel (Anhang, Tafel I) entnehmen. L war 850000 cm, das ist $8,5 \cdot 10^5$ cm. Wir suchen nun in der linken senkrechten Reihe (bezeichnet mit L cm) den Wert $8,5 \cdot 10^5$ und in der rechten (C cm) den Wert 500 und verbinden beide durch eine Linie. Diese Linie schneidet die mittlere Reihe (λ m) im Punkte 1200. Umgekehrt kann man auch den Wert für C finden, wenn man mit einer bestimmten Selbstinduktion (L cm) eine bestimmte Welle (λ m) erzielen will. Z. B. $L = 1000000$ cm $= 1 \cdot 10^6$ cm, $\lambda = 2000$ m, ergibt einen Kondensator $C = 1000$ cm.

Um immer etwa im mittleren Skalenbereich des Drehkondensators arbeiten zu können, sehen wir noch einige Abgriffe vor, gewählt wurden hier noch Abgriffe bei der 50., 70. und 90. Windung. Die Rückkopplungsseite der Spule bekommt etwa $^2/_3$ der Windungszahl, also 80 Windungen, mit ebenfalls 5 gleichmäßig verteilten Abgriffen bei 0, 20, 40, 60 und 80. Die Gesamtwicklungszahl beträgt demnach 200 Windungen, die Länge der Wicklung also $\frac{200}{12,5} = 160$ mm. Wir würden also den Spulenkörper 175 mm lang wählen und ca. 6 mm vom Ende mit dem Wickeln beginnen. (Den Durchmesser einer Spule wird man günstig zwischen 0,6 und 0,8 der Gesamtspulenlänge wählen.)

Wir wollen gleich noch einen bei diesem Vierröhrenapparat auftretenden Sonderfall betrachten, nämlich den Abstimmungskreis der Hochfrequenzstufe, an den die Antenne angekoppelt ist.

Eine Antenne hat sowohl Selbstinduktion als auch Kapazität. Die Selbstinduktion ist in fast allen Fällen so klein, daß sie vernachlässigt werden kann. Anders die Kapazität; sie schwankt bei Hochantennen etwa zwischen 200 und 1000 cm. Eine normale zweidrähtige 30 m T-Antenne hat ca. 500 cm Kapazität. In der gewählten Schaltungsweise, sog. „Schaltung lang" liegt die Antennenkapazität parallel dem Drehkondensator. Wir erhalten also bei hereingedrehtem Kondensator 500 + 500 = 1000 cm und bei herausgedrehtem Kondensator 500 + 80 = 580 cm Gesamtkapazität und müssen nun also auf Grund dieser Gesamtkapazitäten den Schwingkreis berechnen.

Eine Rahmenantenne ist eine Selbstinduktionsspule und läßt sich annähernd als solche berechnen. Die in diesem Buche beschriebene Antenne hat $D = \frac{80\text{ cm} + 60\text{ cm}}{2} = 70\text{ cm}$; $l = 7$ cm (Abb. 56 zeigt, wie l gemessen wird); $w = 11$; $l/D = 0{,}1$. Der Faktor f findet sich wiederum in der Kurventafel (Anhang II) auf Kurve B, links abgelesen die Zahl 0,2.

Wir setzen die Werte in die bekannte Formel ein und rechnen:

$$L\text{ cm} = 10 \cdot \frac{(11 \cdot 70)2}{7} \cdot 0{,}2 = \text{rund } 165000\text{ cm}.$$

Und nehmen wir wieder die Fluchtlinientafel zu Hilfe, so finden wir, daß bei Weglassung der Spule (Abb. 114, L_1), also bei direkter Abstimmung des Rahmens durch den Drehkondensator C_1 von ca. 80—500 cm ein Wellenbereich zwischen ca. 250 und ca. 600 m bestrichen wird. Wollen wir niedrigere Wellen erhalten, so müssen wir entweder die Wicklungszahl kleiner nehmen oder besser entsprechende Abgriffe anbringen.

Zylinderspulen können auch verlustarm gewickelt werden auf einer Vorrichtung, die Abb. 57 zeigt. Das Wickelschema zeigt Abb. 58. Diese Spulenbauart eignet sich besonders für Kurzwellenempfänger (aus Radio-Amateur).

Die von der Industrie hergestellten Ledion- und Korbbodenspulen selbst herzustellen, empfehle ich nicht, weil dazu kompliziertere Vorrichtungen gehören, und der Aufwand an Arbeit und Zeit in keinem Verhältnis zum Preise der Industriespulen steht.

Anders ist es mit den sog. Drosselspulen. Zwar bekommt man sie auch im Handel; doch macht man öfters die Erfahrung,

Abb. 57.

daß sie nicht funktionieren, weil sie zu viel oder zu wenig Windungen haben, oder auch die Drahtart und Stärke nicht richtig gewählt wurde.

Drosselspulen baut man auf folgende Weise: Über einem etwa 5 mm breiten Kern von 35 mm Durchmesser, der Seitenwände aus dünnem Holz oder steifer Pappe hat (Abb. 59), wickelt man 500 bis 550 Windungen Draht 0,1 bis 0,15 mm stark, mit doppelter Seidenisolation. Vor Beginn des Wickelns legt man in die 4 Ausschnitte der Kernwände kurze Fädchen, die später nach Fertigwicklung zum Zusammenbinden der Windungen dienen. An den Anfang des Drahtes lötet man vor dem Wickeln ein Stückchen dünne Litze (Klingellitze) und bringt

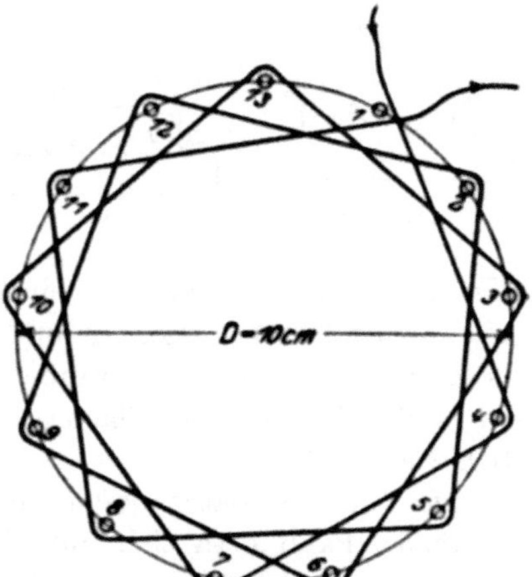

Abb. 58.

1 bis 2 Windungen davon mit in die Spule; ebenso wird das Ende mit Litze versehen.

Durch die Litzenenden wird ein gar zu leichtes Abreißen der Spulenenden von den Steckern vermieden.

Nach dem Abbinden wird, unter Entfernen der einen Seitenwand, die Spule vom Kern heruntergenommen und einige Minuten in heißes, flüssiges Paraffin getaucht. Dadurch bekommt sie mehr Halt, und die Isolation wird nicht so leicht beschädigt.

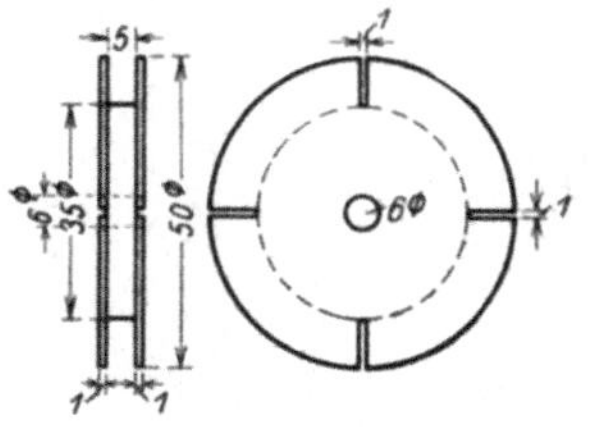

Abb. 59.

Die Spule wird dann auf einem Stück Hartgummi oder Pertinax befestigt, entweder nach Abb. 60 mit 2 Steckern in der Mitte, oder nach Abb. 61 mit angenieteten Steckblechen. Die Drahtenden werden am besten verlötet. Zur Montage im Empfänger kann man nun Steckbuchsen oder die älteren Silitstabhalter benutzen.

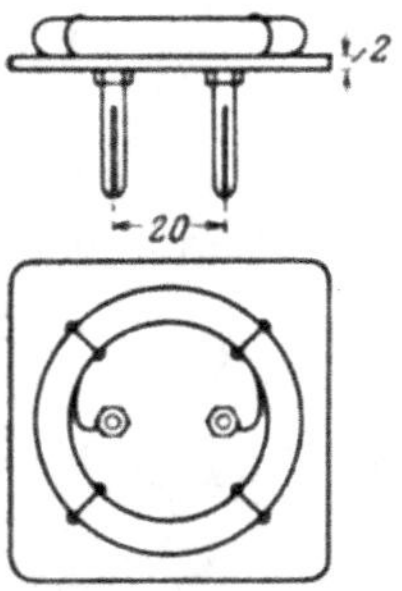

Abb. 60.

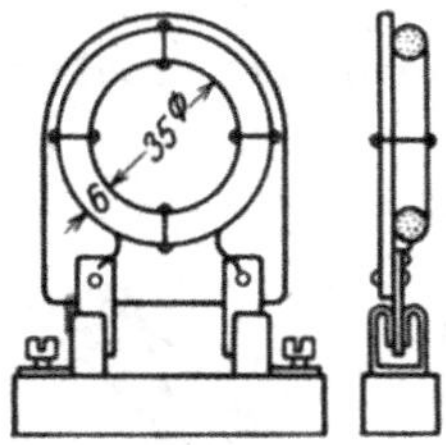

Abb. 61.

Werden Schalter an den Apparaten benötigt, so stellt man sich diese vorteilhaft selbst her durch Einschrauben eines sog. Schleifers in die Schaltplatte und Einschrauben von Kontaktschrauben. Meistens dürfen die Schalter beim Übergang von Knopf zu Knopf keine Verbindung zwischen dieser herstellen. Um dennoch einen leichten und sicheren Übergang zu erzielen, deckt man die Kontaktschrauben mit einem Hartgummiplättchen ein und feilt die ganze Fläche eben. Abb. 62 zeigt einen solchen Schalter im Schnitt.

Die für die später beschriebenen Apparate benutzten Feinstellhebel kann man sich auf einfache Weise selber anfertigen. Man besorgt sich Hartgummistäbe von 8 mm Durchmesser und 18—20 cm Länge. (Abb. 63.) In das eine Ende dieser Hartgummistäbe bohrt man ein Loch und schneidet 4 mm Gewinde hinein. In dieses Loch schraubt man einen Gewindestab von

36 mm Länge, so daß er fest sitzt und 25 mm herausragt. Sollte das Gewinde zu groß geschnitten sein, so daß der Gewindestab nicht hält, so kann man ihn mit einem 1 mm starken Stift noch weiter befestigen.

Abb. 62.

Aus Messingblech 0,5 mm stark, schneidet man sich Streifen von 8 mm Breite und etwa 130 mm Länge; ferner macht man aus Vollmessing kleine Würfel von 10 mm Höhe und 15 mm Breite und Länge. Dieser Würfel bekommt im Abstande von 6 mm Einschnitte von 6 mm Tiefe. Ferner wird er schräge durchbohrt und mit 4 mm Gewinde versehen, so daß der Gewindeteil des Hartgummistabes gutgängig hineinpaßt. Der Messingblechstreifen wird um den Griff des Hartgummiknopfes herumgebogen, so daß er gut darüber paßt. An den Enden bleibt ein Stück von 6 mm offen; hier biegt man mit der Flachzange Lappen an, die auf 6 mm Länge abgeschnitten werden. Der Streifen wird jetzt in die Schlitze des Messingklotzes eingeschoben, nachdem man ihn mit Lötpaste bestrichen hat und über der Flamme verlötet.

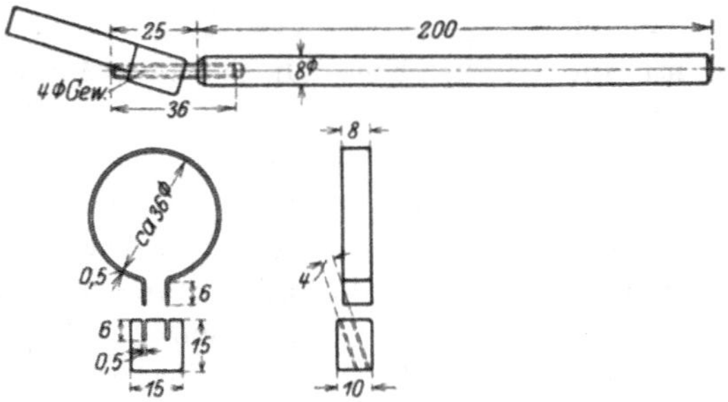

Abb. 63.

Damit ist der Halter fertig. Er wird auf den Hartgummiknopf so aufgesetzt, daß die Schleife den Griff umschließt, und der Hartgummistab wird so weit hineingeschraubt, daß der Gewindeteil hinter den Griff des Hartgummiknopfes greift und die Schleife etwas spannt. Man kann auf diese Art und Weise den Halter in jeder beliebigen Richtung befestigen. Der Hartgummistab muß schräge gestellt werden, damit bei Benutzung mehrerer Hebel an dem gleichen Apparat dieselben beim Drehen aneinander vorbeigehen.

C. Apparatebau.

Wir kommen jetzt zum eigentlichen Apparatebau. Es sind folgende allgemeine Angaben zu beachten.

Bei Auswahl von Hartgummiplatten ist darauf zu achten, daß die Platte nicht spröde ist, sie muß gleichmäßige tiefschwarze Färbung zeigen, beim Feilen oder Schaben tiefbraune Späne geben, die intensiv nach Gummi riechen. Die Fläche darf keine schwefelgelben Ränder oder Flecken aufweisen. Am besten wählt man Platten, die mattiert sind und nicht hochglänzend poliert. Die Politur hält sich nicht allzu lange, und wird, besonders wenn sie sehr dem Licht ausgesetzt ist, bald unansehnlich, auch gibt es beim Abwischen immer Kratzer. Eine matte Fläche behält außerdem bessere Oberflächenisolation als eine hochpolierte. Als Ersatz für Hartgummi kann man auch Trolit oder Pertinax verwenden, das bedeutend billiger ist.

Man schneidet die Platten mit gewöhnlicher Laubsäge unter Verwendung von sog. Metallsägeblättern, da diese nicht so schnell stumpf werden. Eine fein gezahnte Metallbügelsäge ist auch gut brauchbar.

Löcher bohrt man mit gut hinterschliffenen, scharfen Spiralbohrern und achte darauf, daß beim Durchkommen des Bohrers die Platte nicht ausspringt. Man vermeidet dieses am sichersten dadurch, daß man die Platte beim Bohren glatt auf ein Hartholzbrett auflegt. Versenke für Schraubenköpfe bohrt man mit einem sog. Krauskopf, das ist ein konischer Fräser. Kanten werden mit der Feile, die neu und scharf sein muß, bearbeitet. Die Feile muß öfter mit einer Feilendrahtbürste gereinigt werden. Will man eine Platte selbst matt schleifen, so benutzt man dazu einen weichen Korkpfropfen und feinstes Bimssteinpulver, das man mit Öl anrührt, oder Schmirgelpapier Nr. 000 mit Öl. Politur erzeugt man mit in Spiritus angerührter Schlemmkreide und einem weichen Lappen. Gravierungen drückt man mit erwärmten Stempeln ein, füllt die Vertiefungen mit weißem Spirituslack aus und schleift nach dem Trocknen über.

Hartgummiplatten verziehen sich leicht, wenn sie der Wärme ausgesetzt sind. Man wähle sie daher nicht zu schwach, bei kleinen Apparaten nicht unter 5 mm, bei mittleren etwa 6 mm und bei großen 8 mm stark. Pertinaxplatten können schwächer sein, 3—5 mm.

Die allgemeine Anordnung der Schaltelemente treffe man grundsätzlich so, daß man sie dort hinsetzt, wo sie gebraucht werden, und erst in zweiter Linie nehme man Rücksicht auf die Symmetrie. Kondensatoren sollen nicht unter 12 cm Achsenentfernung haben, einen Rückkopplungskondensator setze man möglichst noch viel weiter weg. Spulen ordne man immer so an, daß sich ihre Felder nicht gegenseitig beeinflussen, auch sollen in den Spulenfeldern möglichst keine Metallgegenstände liegen (Kondensatoren usw.).

Die Leitungen verlege man grundsätzlich mit 1,5 mm starkem, blankem oder versilbertem Kupferdraht, auf kürzestem Wege und vermeide, außer bei Heizleitungen, das Isolieren. Wo jedoch bei Kreuzungen eine Sicherheitsisolation notwendig wird, schiebe man nur möglichst kurze Stückchen Isolierschlauch über den Draht.

Ich z. B. verlege grundsätzlich so: Zuerst die Heizleitung. Diese dicht an der Schaltplatte und mit Isolierschlauch überzogen, Plusleitung blau, Minus- und Erdleitung schwarz. Die übrigen Leitungen möglichst kurz, doch regelmäßig und übersichtlich mit möglichst weitem Abstand untereinander, besonders gilt dies von Gitter- und Anodenleitung, welche auch noch möglichst senkrecht zur Bedienungsplatte geführt werden. Wird an einzelnen Stellen Isolierschlauch notwendig, so verwende ich für Anodenleitung Rot und für Gitterleitung Grün. Für besondere Leitungen, z. B. für Vorspannungsbatterie und Antennenzuführung Gelb. Dieselbe Farbenteilung führe ich auch an den Spulenabzweigen durch. Durch strikte Befolgung dieser Anordnung wird namentlich bei komplizierten Schaltungen die Übersicht sehr erleichert, man weiß immer gleich, welche Energie die betreffende Leitung führt.

Grundsätzlich ordne man alle Schaltelemente auf einer Schaltplatte an und nicht wie es vielfach geschieht, z. B. Lampensockel und Transformatoren auf dem Kastenboden bzw. Deckel. Immer muß es möglich sein, ohne das Lösen irgendwelcher Verbindungen die Gesamtschaltung aus dem Kasten zwecks Kontrolle und Reparaturen zu entfernen.

Ist man durch Platzmangel dazu gezwungen, einzelne Schaltelemente außerhalb der Schaltplatte unterzubringen, so verwende man aufgesetzte Brücken, oder baue, wie z. B. bei dem Vierröhrenapparat, das Brett für die Lampensockel und die Klemmenleiste an die Schaltplatte an. Es erleichert dies zunächst ungemein das Arbeiten und späterhin die etwa nötig werdenden Revisionen und Reparaturen.

Die Drahtverbindungen müssen, wo nur irgend angängig, sauber gelötet werden, aber nie unter Benutzung von Lötwasser, sondern nur mit Lötfett („Fludor"-Lötfett), oder allenfalls mit Kolophonium. Als Bindemittel verwendet man 60prozentiges Lötzinn. Die Lötungen nimmt man vor mit einem sauber verzinnten, nicht übermäßig heißen, etwa 100 g schweren kupfernen Lötkolben.

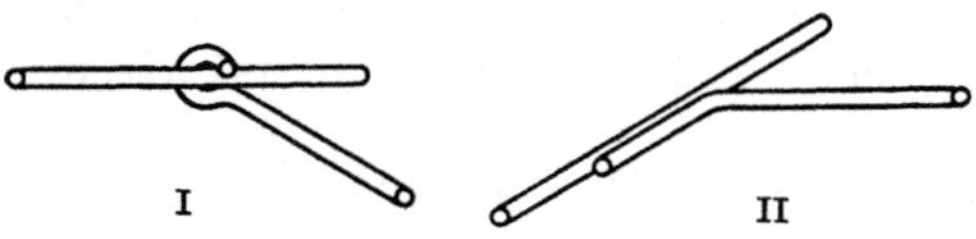

Abb. 64.

Will man 2 Drähte durch Lötungen verbinden (Abb. 64 I), so biege man ein Häkchen, das um den anderen Draht herumgreift, oder biege einen Winkel, damit die Drähte auf eine Länge von etwa 15 mm aneinander liegen (II) und löte dann. Stumpfgelötete Verbindungen sind nicht erschütterungssicher, sie brechen manchmal und man kann solch einen Bruch meist schwer entdecken, da der feine Riß nur dann sichtbar wird, wenn der Draht abfedert. Geräuschvolles Arbeiten des Apparates, Krachen, Rauschen, Prasseln und unregelmäßiger und versagender Empfang sind in der Mehrzahl der Fälle auf mangelhafte Lötungen zurückzuführen. Ebenso vermeide man auch die Verwendung von Steckbuchsen ohne Lötansatz, denn jede Klemmenverbindung lockert sich im Laufe der Zeit durch Nachgeben des Hartgummis.

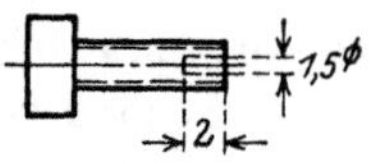

Abb. 65.

Bei Kontaktknöpfen für Schalter (Abb. 65) bohre man in den Gewindeschaft ein kurzes Loch von 1,5 mm Durchmesser und löte hier den Anschlußdraht ein.

Beim Löten entstehende fettige Niederschläge und abspritzende Zinntropfen müssen sorgfältigst entfernt werden durch Abwaschen mit Benzin oder Abschaben.

Von größter Wichtigkeit ist bei allen hochempfindlichen Apparaten ein ausreichender Schutz gegen die Körperkapazität des Bedienenden. Man stellt den Schutz her durch Aufkleben von Stanniol (Zinnfolie) mittels Fahrradgummilösung und erdet evtl. dann diesen Belag. Auch Kupferfolie 0,15 mm eignet sich sehr gut zum Auskleiden von Apparaten.

Den in Berlin ansässigen Amateuren möchte ich die Metallisierung nach dem Schoopschen Spritzverfahren empfehlen; sie wird ausgeführt von der Meurer A.-G., Berlin-Neukölln, Lahnstraße 10. Es empfiehlt sich hierbei, daß sich mehrere Amateure zusammentun, damit eine zu spritzende Gesamtfläche von ca. 1 qm zusammenkommt. Der Mindestpreis beträgt nämlich Mk. 10,—, der Preis für 1 qm Mk. 16,—. Da der Vierröhrenapparat eine Schaltplatte von $0{,}5 \times 0{,}18$ m hat, so würde bei 10 St. solcher Schaltplatten (zus. 1 qm) der Preis pro Platte Mk. 1,60 betragen. Das Metallisierungsverfahren ist anwendbar auf allen Stoffen: Hartgummi, Holz, Metall, Gummi und auch Textilien aller Art. Die Metallisierung hat sich sehr gut bewährt und wird auch von einigen großen Radiofirmen wie Telefunken, Lootze, Aeriola und anderen laufend angewendet. Telefunken läßt z. B. den gesamten Apparatkasten innen metallisieren und schließt dadurch die Apparatur allseitig kapazitätsicher ein. Ehe man eine Platte zum Spritzen fortgibt, bohrt man sie fertig und deckt alle diejenigen Stellen, die den Überzug nicht erhalten sollen mit festsitzenden und dicht anliegenden Blech- oder Holzschablonen ab.

1. Größe der Schaltelemente.

Über die vorteilhaftesten Größen der Schaltelemente wäre im allgemeinen folgendes zu sagen. Die Abstimmkondensatoren haben 500 cm Kapazität und müssen Feineinstellung besitzen. Der Rückkopplungskondensator braucht nur 300 cm und kann ohne Feineinstellung sein. Man verwende nur Luftkondensatoren, mit Ausnahme der Reiseempfänger, bei welchen man entweder Luftkondensatoren mit zwischengelegten Isolierblättchen, oder die sehr niedrigen „Reico“-Glimmerdrehkondensatoren verwendet. Da die Reiseempfänger häufig Stößen und rauher Behandlung ausgesetzt sind, so würden hier sehr häufig Plattenschlüsse auftreten.

Der Gitterkondensator sei 200 cm evtl. auch bis 500 cm. Hier verwende man unbedingt entweder Telefunken-Dubilier oder

D.T.W.-Luftblock, denn es kommt hier sehr darauf an, daß der Kapazitätswert unveränderlich ist.

Die Gitterableitung, der Silitstab, ist am besten veränderlich zwischen 0,5—6 Megohm. Bei Nahempfang, wo starke Energieimpulse das Gitter treffen, muß die Energie schneller abgeleitet werden können, als bei Fernempfang, wo nur schwache Impulse wirksam sind. Abgeleitet wird nach + Heizung, doch erzielt man häufig bessere Resultate, wenn die Ableitung an ein zwischen die Heizleitung geschaltetes Potentiometer angeschlossen wird. Unter Umständen erzielt man noch bessere Resultate, wenn man das

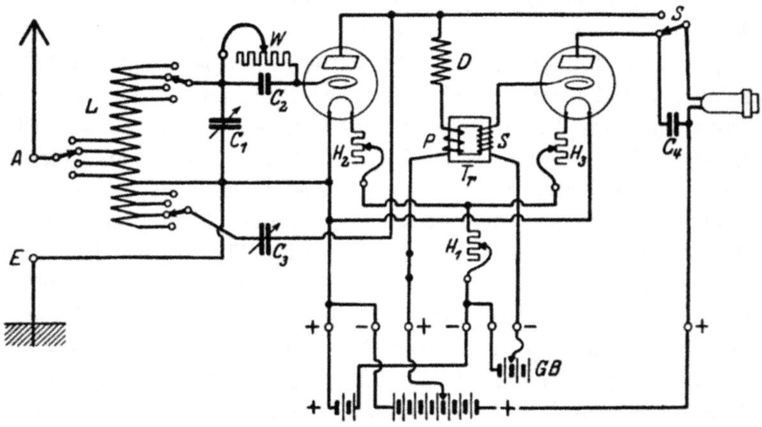

Abb. 66.

Gitter über einen Silitstab nach +5 bis 15 Volt der Anodenbatterie ableitet.

Die verwendeten Potentiometer müssen eine Mindestgröße von 500 Ohm besser 1000 Ohm haben, um den Stromverlust auf das geringste Maß herabzudrücken.

Über die Auswahl der *NF*-Transformatoren ist im Kapitel „Zubehörteile" alles Wissenswerte gesagt, ebenso über die zu verwendenden Röhren.

2. Zweiröhren-Empfänger ohne *HF*-Verstärkung.

Nachdem wir nun diese zum Teil recht trockenen Ausführungen aufmerksam verfolgt haben, schreiten wir zunächst zum Bau eines einfachen Zweiröhrenapparates, geeignet für einen

Wellenbereich von ca. 200—600 m, mit abschaltbarer *NF*-Stufe. Schaltung, Abb. 66. Statt der Schalter verwenden wir hier die billigeren Steckbuchsen. Wir benötigen folgende Einzelteile:

1.	Eine Trolit- oder Hartgummiplatte, 30 × 30 cm, 5—6 mm stark	*RM.* 4.—
2.	Zwei Lampensockel, Topfsockel oder auch andere	„ 2.—
3.	Drei Heizwiderstände, je 6 Ohm	„ 3.60
4.	Ein Drehkondensator (C_1), 500 cm mit Feinst. und Knöpfen	„ 6.50
5.	Ein Drehkondensator (C_3) 500 cm mit Knopf	„ 5.50
6.	Ein Silitstab (*W*) 1 Megohm	„ 1.40
7.	Ein *NF*-Transformator (*Tr*) 1 : 7 (Körting)	„ 12.—
8.	Ein Dubilierblock (C_2) 250 cm	„ —.95
9.	Ein Blockkondensator (C_4) 3000 cm	„ —.75
10.	Vier Schraubklemmen	„ —.80
11.	32 Steckbuchsen mit Lötansatz	„ 2.56
12.	Ein Spulenkörper $D = 8$ cm, $l = 11$ cm, Pappe paraffiniert ca. 35 m Draht 0,5 mm, einmal Baumwolle, ca. 4 m Montagedraht, Kupfer verz. 1,5 mm, 3 m Isolierschlauch, div. Holzschrauben, Paraffin usw. zusammen ca.	„ 4.—
13.	15 Bananenstecker	„ 2.25
14.	3 Anodenstecker, 2 rot, 1 schwarz	„ —.45
15.	Eine Drosselspule (*D*), Telephonspule 100—200 Ohm	„ —.80
16.	Material zum Kasten ca.	„ 3.50
		RM. 51.06

dazu kommt:

1	Röhre, Huth *LE* 244	*RM.* 8.—
1	Röhre, Telefunken *RE* 154	„ 9.—
1	Anodenbatterie „Titania“, 60 Volt	„ 6.—
1	Taschenlampenbatterie, 4,5 Volt	„ —.40
		RM. 23,40

Zunächst bauen wir genau zur Platte passend den Kasten aus Grundbrett 33 × 33 × 1,5 cm und Seitenbrettern 0,8—1 cm stark und 13 cm hoch. Als Plattenauflage dienen angeschraubte Leisten 8 × 8 mm. Nun zeichnen wir sauber die Schaltplatte[1]) (Abb. 67) vor, bohren sie und bringen gleich eine evtl. vorgesehene Beschilderung an (Nägel gut vorbohren, da sonst Platte springt!). Die Befestigungslöcher der Drehkondensatoren zeichnen wir nach genauer Papierschablone an. Jetzt kleben wir den Stanniolbelag auf und montieren dann die Schaltelemente. Ist dies fertig, so

[1]) Die Schaltplatte ist etwas geändert. Die Heizwiderstände sind zusammengerückt. In der Mitte bleibt der Platz für den Transformator, links der Platz für einen regelbaren Silitwiderstand.

verlegen wir erst die Heizleitungen, dann die übrigen Leitungen und zum Schluß die Spule.

Die Spule *L* (Abb. 68) wird auf einen gut trockenen und paraffinierten Pappzylinder gewickelt. Wir beginnen 5 mm vom Rande mit der Rückkopplungsseite, indem wir mit einer Nadel

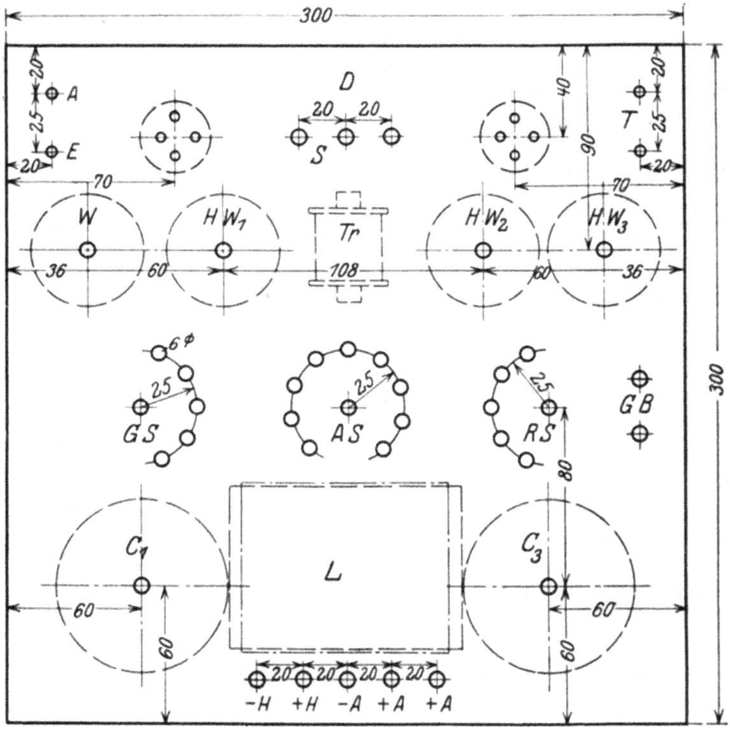

Abb. 67.

2 Löcher stechen und den Anfang des Drahtes hindurchziehen. Dann wickeln wir und machen Abgriffe, wie sie die Fig. zeigt. Abgriffe stellt man her, indem man beim Wickeln an den betreffenden Stellen Schleifen eindreht, die man nachher blank macht und an die man dann die Abgriffdrähte anlötet. Zum Schutz schiebt man noch ein Stückchen Isolierschlauch herüber. Das Ende des aufgewickelten Drahtes wird ebenfalls durch zwei Einstiche durchgezogen und festgelegt. Nach Fertigstellung wird die Spule stark angewärmt und mit flüssigem Paraffin dünn gestrichen.

Die Enden 0—50 gehen zum Rückkopplungsschalter *Rs*, 60 an Erde (+Heizung), 66—78 zum Antennenschalter *As*, 85—140 zum Gitterschalter *Gs*. Die Schalterleitungen halte man so kurz wie möglich, da sie sonst die Selektivität beeinträchtigen.

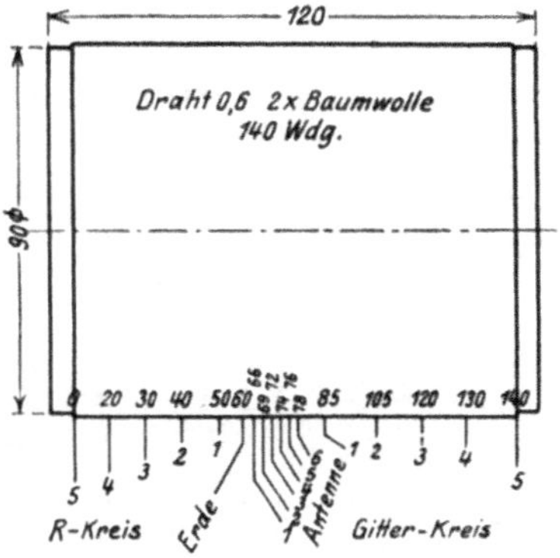

Abb. 68.

Die Abb. 69/70 zeigen den fertigen Empfänger, jedoch in vereinfachter Ausführung. Erwähnen möchte ich noch, daß man die Röhren grundsätzlich stehend anordnen soll und nicht liegend. Man hat die Beobachtung gemacht, daß sie liegend mitunter schlechter arbeiten.

Die Leistungen dieses Empfängers sind hervorragende: An guter Hochantenne mit einer Röhre fast alle europäischen Sender im Kopfhörer. Dasselbe mit 2 Röhren an guter Zimmerantenne. Mit 2 Röhren an Hochantenne bereits große Lautstärke des Ortssenders im Lautsprecher. Bei Verwendung von 3 Röhren ist die Stärke schon so enorm, das die letzte Röhre, falls sie nicht besonders hohe Emission besitzt, überschrieen wird. Fast dieselbe Lautstärke erreicht man unter Vorschaltung einer *HF*-Stufe bei Benutzung eines Rahmens von ca. 80 cm Durchmesser.

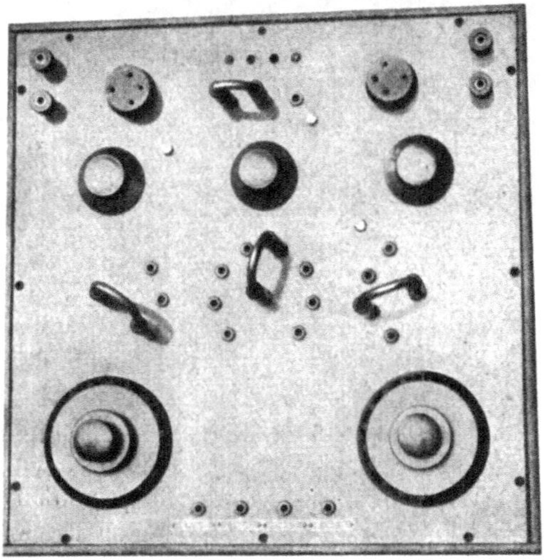

Abb. 69.

Die Bedienung eines Leithäuser-Reinartzapparates macht, wie alle Rückkopplungsapparate, zunächst dem Anfänger einige

Schwierigkeiten. Genügt doch mitunter eine Drehung des Abstimmkondensators um den Bruchteil eines Grades um einen Sender zu erhalten und wieder zum Verschwinden zu bringen.

Um einen Sender zu suchen geht man am besten so vor: Man gebe mittlere Heiz- und Anodenspannung, schalte 10 Windungen in die Antenne, etwa 30 Windungen in die Rückkopplung und 40 in den Gitterkreis. Sodann suche man bei ganz hereingedrehtem *R*-Kondensator, ganz langsam mit dem Abstimmkondensator, bis man einen Überlagerungston hört. Um Pfeifen zu vermeiden, drehe man schnell den *R*-Kondensator heraus. Sollte das Pfeifen nicht abreißen, so mache man die Kopplung loser durch Abschalten von Windungen der *R*-Spule oder gehe mit Heiz- oder Anodenspannung zurück. Ist das Pfeifen abgerissen so gehe man wieder vorsichtig an den Schwingpunkt heran und stimme mit der Feineinstellung des Abstimmkondensators nach. Nach einiger Übung wird man der Schwierigkeiten Herr geworden sein und dann finden, daß sich die Leithäuser-Reinartzapparate bedeutend leichter und besser einstellen lassen als andere Rückkopplungsempfänger, die eine kapazitive Rückkopplung nicht besitzen.

Abb. 70.

Für Liebhaber der aufrechtstehenden Bauart sei der nächste Empfänger beschrieben. Das Schaltschema ist wieder Abb. 66. Der Kasten wird gebaut nach Abb. 71 aus etwa 8 mm starkem Eichen- oder Erlenholz, dann gebeizt und poliert. Die Schaltplatte, Abb. 72, aus Hartgummi, Trolit oder Pertinax, wird sauber vorgerissen und gebohrt. Pertinax läßt sich selten gut bohren, die meisten Sorten platzen aus. Nur von der Fa. Remmler in Spremberg bezogene Platten zeigten diesen Übelstand nicht, sie ließen sich bohren wie guter Hartgummi.

An Einzelteilen benötigen wir dieselben wie für den vorigen

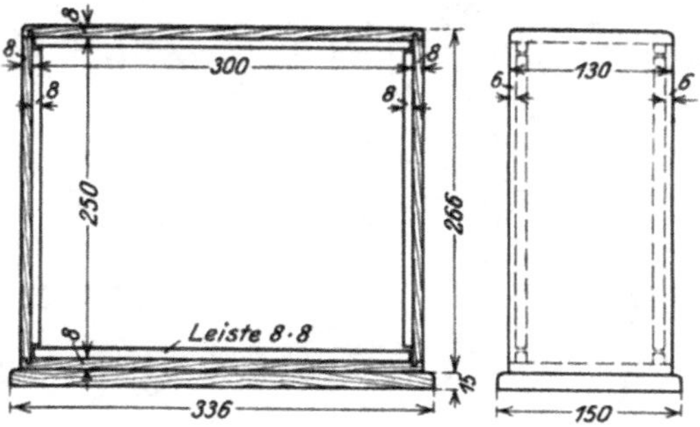

Abb. 71.

Apparat; doch verwenden wir hier eingelassene Topfsockel.

Die Drahtführung machen wir nach Abb. 73. Die Außen-

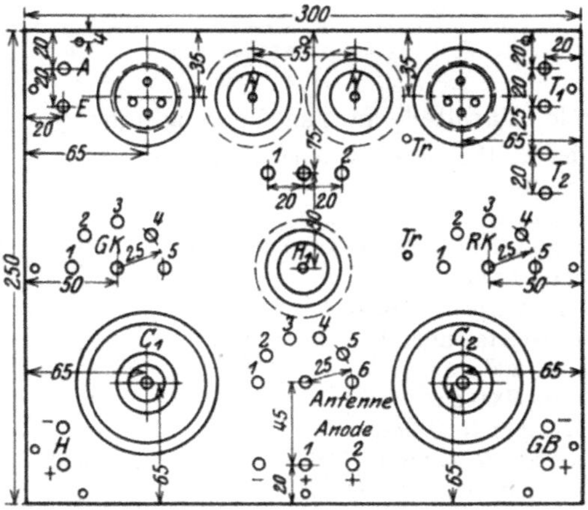

Abb. 72.

ansicht zeigt Abb. 74, die Innenansicht Abb. 75. Die Bedienung ist wie vorhin.

Für diejenigen Bastler, die darauf angewiesen sind, mit geringstem Aufwand an Geldmitteln auszukommen, sei noch ein Zweiröhrenempfänger beschrieben, der sich aber auch durch Einbau einer dritten Röhre bequem erweitern läßt.

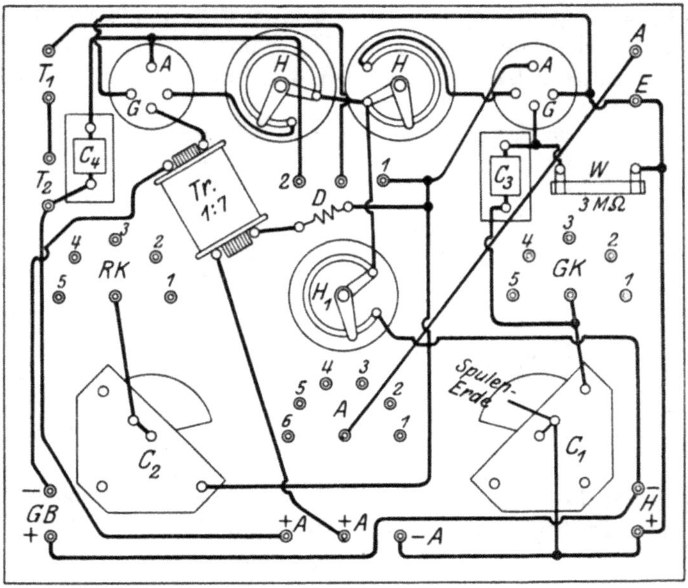

Abb. 73.

Folgende Einzelteile fanden Verwendung:

1.	Ein Schaltbrett, gutes trockenes Erlenholz,	
2.	Ein Paneelbrett, „ „ „	
3.	Ein Holzkasten, „ „ „	
4.	Ein Streifen Trolit, 6 mm × 30 × 150 mm,	
5.	34 Steckbuchsen	*RM.* 3.—
6.	Zwei Röhrensockel, à 0,60	„ 1.20
7.	Drei Heizwiderstände, 15 Ohm à 0,95	„ 2.—
8.	Ein Block, 200 cm	„ —.40
9.	Ein Block, 5000 cm	„ —.80
10.	Ein Silitstab mit Halter	„ 1.50
11.	Zwei Drehkondensatoren, 500 cm mit Knopf à 3.50	„ 7.—
12.	Eine Telephonspule, 200 Ohm	„ —.70
13.	Ein Transformator, 1:7 Körting 12.— *RM.*, statt dessen evtl. „Weilo“	„ 8.—
14.	4 m Schaltdraht und 40 m Draht 0,5, 1 × Baumwolle	„ 1.50
		RM. 26.10

Der Billigkeit halber wurde auch für die Frontplatte Holz verwendet. Es war sehr gut trocken und wurde sogar auf Kochen in Paraffin verzichtet. Der Empfänger zeigt Paneelbauart, das Schaltschema (Abb. 76) ist etwas geändert. C_3 wird nicht von *W*

Abb. 74.

Abb. 75.

überbrückt, sondern *W* liegt an + Heizung. Die Empfangsspule läßt sich durch eine Honigwabenspule (150 Windungen) verlängern, so daß Wellen bis 2000 m erreicht werden können (Daventry, Königswusterhausen).

Die Herstellung des Kastens und Paneels geht aus der Zeich-

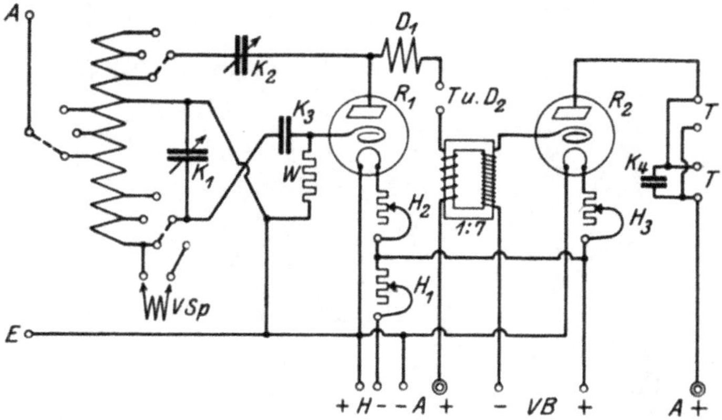

Abb. 76.

nung Abb. 77 hervor. Den Kasten stellt man sich selbst her, glättet ihn mit feinstem Glaspapier und poliert ihn mit Schellack-

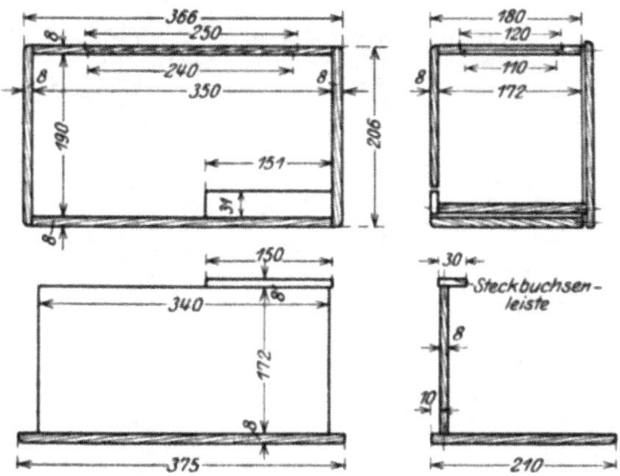

Abb. 77.

lösung. Der Ausschnitt an der hinteren Kastenwand ist für das Anschlußklemmenbrett bestimmt, das aus einem Streifen Hartgummi, Trolit oder Preßspan hergestellt und am Paneelboden angeschraubt wird. Der obere Ausschnitt im Kasten wird mit einer Glasplatte eingedeckt, die ein Herausnehmen und evtl.

Beobachten der Röhren gestattet. Der Kasten ist so groß bemessen, daß so viel Platz bleibt, um noch eine 2. Niederfrequenzstufe einbauen zu können. Der gemeinsame Heizwiderstand H_1 wird dann für die 3. Röhre benutzt. An Einzelteilen wurde nur allerbilligstes Material verwendet, mit Ausnahme des Transfor-

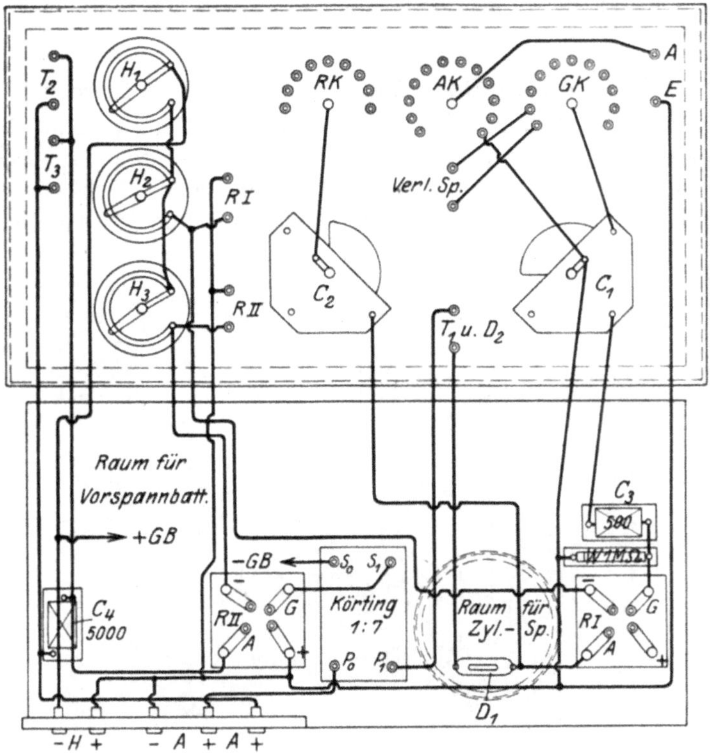

Abb. 78.

mators (Körting 1:7) und des Silitstabes (Dralowid). Die im Apparat verwendeten Schalter sind billigste Stufenschalter; es können aber auch statt dessen Steckbuchsen genommen und die Zahl der Abgriffe auf je 4—5 verringert werden. Die in der Zeichnung angegebene Kontaktzahl war ursprünglich zur Verwendung einer Ideal-Korbbodenspule gedacht. Da diese Spule aber keine guten Resultate ergab, so wurde sie bald durch eine gewöhnliche Zylinderspule ersetzt, wie sie auch in den vorigen Empfängern Verwendung fand. Die Drahtführung zeigt Abb. 78.

Die mit diesem Gerät erzielten Resultate waren sehr gute. Freilich hatte es auch einen Aufstellungsort gefunden, wo es gegen Feuchtigkeit gut geschützt war. An Zimmerantenne brachte es Daventry einwandfrei in den Lautsprecher. Mit nur 2 Röhren eine achtbare Leistung.

Als Röhren wurden RE 95 und 97 verwendet.

3. Dreiröhren-Empfänger ohne *HF*-Verstärkung.

Die Abb. 79 und 80 zeigen Außen- und Innenansicht eines Dreiröhrenempfängers in der Anordnung 1 Audion, 2 Niederfrequenz. Als Spulen dienten Honigwabenspulen. Der Kasten ist wie Abb. 71. Die drei Heizwiderstände bedienen je eine Röhre.

Abb. 79.

Die Niederfrequenz-Transformatoren sind zusammen auf ein senkrecht an die Frontplatte angeschraubtes Blech montiert. Die Niederfrequenzstufen sind einzeln abschaltbar. Die Form der Drossel ist versuchsweise eine andere (Zylinderspule 40 ∅, 350 Windungen, 0,15 Lackdraht). Da Honigwabenspulen für den Rundfunkempfang als veraltet gelten können, so empfiehlt sich der Bau dieses Empfängers nicht, und es kann auf Bauzeichnungen verzichtet werden.

Nach heutigen Begriffen ist es ein Empfänger, wie man ihn nicht bauen soll und darum für den Anfänger lehrreich.

Ein gutes Dreiröhrengerät stellt das nächste dar, dessen Schaltschema Abb. 81 zeigt. Der benötigte Kasten ist derselbe wie für

Abb. 80.

den Vierröhrenempfänger Abb. 113 und wird nach Abb. 116 hergestellt. Die Schaltplatte zeigt Abb. 82; sie ist aus trockenem Eichenholz, das in Paraffin gekocht wurde, und wird an die Leiste *L* (Tafel I) gleich angeschraubt. Die Klemmleiste, ebenfalls aus paraffiniertem Holz, wird gleichfalls fest an *L* angeschraubt, bildet also zusammen mit der Schaltplatte ein Stück. Deckel-, Rück- und Seitenwände des Kastens sind verleimt.

Als Röhrensockel wurden diesmal „Irotechniksockel" verwendet, wodurch sich besonders bequemes Arbeiten und übersichtliche Leitungsführung ergibt. Die Schalter sind aus Schleifern und Kontaktknöpfen aufgebaut; die Kondensatoren ein billiges Fabrikat, die Transformatoren Körting 1:7 und 1:3.

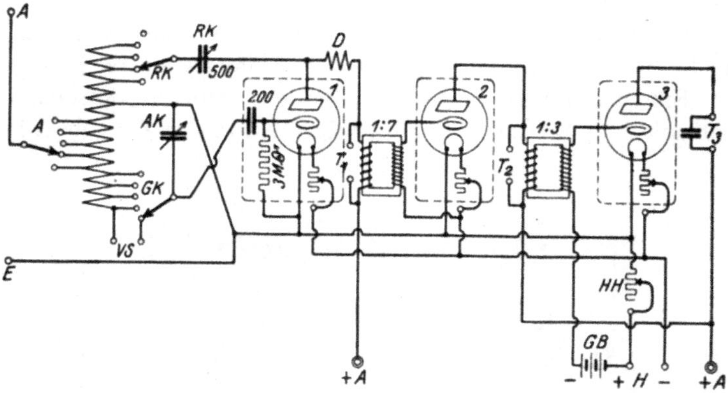

Abb. 81.

Für die zweite Stufe brauchen wir eine Vorspannbatterie von etwa 6 Volt. Die Drosselspule ist nach Abb. 61 hergestellt und

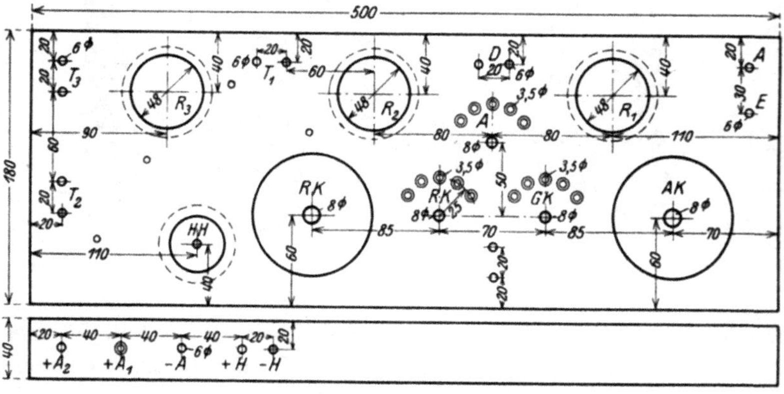

Abb. 82.

kann sowohl von vorn als auch von rückwärts in die Buchsen gesteckt werden.

Als Spule verwendet man eine Zylinderspule wie für Apparat 103 oder auch die aus dem Flewelling Abb. 91, nur mit den entsprechenden Abgriffen.

Geeignete Röhren sind in den ersten beiden Stufen Valvo N oder RE 144, in der letzten Stufe Valvo 201 B oder RE 154.

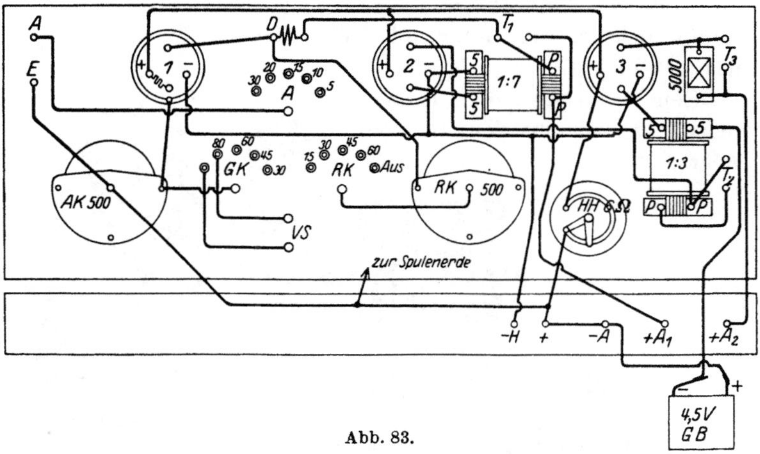

Abb. 83.

Die Drahtführung geht aus Abb. 83 hervor. Die Spule wird zum Schluß montiert und erhält ihren Platz zwischen den Drehkondensatoren. Befestigungsstützen aus dünnem Blech werden zu beiden Seiten angebracht und mit der Schaltplatte verschraubt.

4. Flewelling-Empfänger.

Einen vom T. R. A. ausgearbeiteten Empfänger zeigt Abb. 84/85. Das zugehorige Schaltschema zeigt Abb. 86.

Abb. 84.

Der Kasten wird nach Abb. 87 aus 8 mm starkem Eichenholz gebaut, desgl. die Frontplatte. Die Frontplatte wird mit dünnem Kupferblech belegt. Die Anschlußbuchsen setzt man mit Isolierringen in das Holz ein.

Den Bohrplan der Frontplatte, Deckel und Seitenwände zeigt Abb. 88.

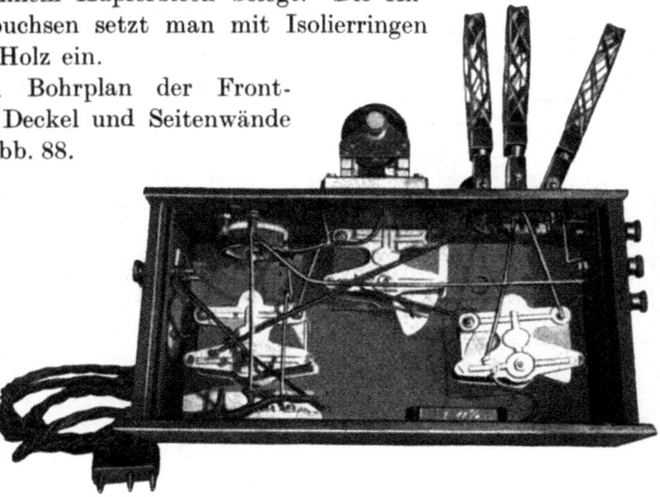

Abb. 85.

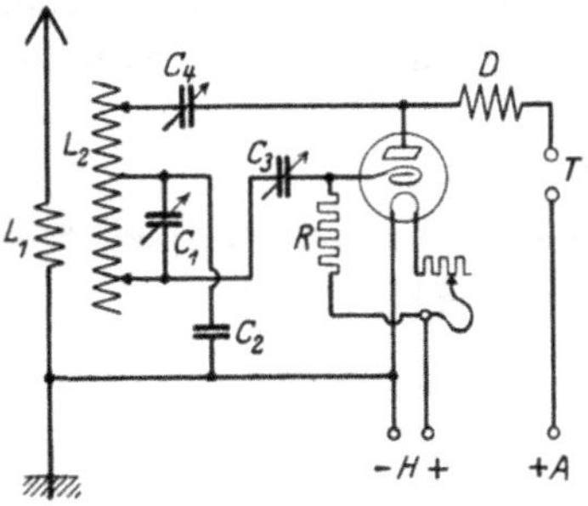

Abb. 86.

Verwendet wurden folgende Einzelteile:

1. 2 Drehkondensatoren à 500 cm
2. 1 Drehkondensator 250 cm (Gitterkond.)
3. 1 dreiteiliger Spulenkoppler
4. 1 veränderl. Silithwiderstand 0,5—6 Megohm
5. 1 Heizwiderstand 60 Ohm
6. 1 Lampensockel
7. 1 Kondensator 2000 cm „Dubilier"
8. 4 Klemmen, 2 Steckbuchsen
9. 1 Spulensatz
   Antenne 25 Wdg.
   Gitter 50 „
   Rückkopplung 35 „
   verlustfreie Spulen
10. 1 Drosselspule nach Abb. 60
11. 1 Röhre Valvo N

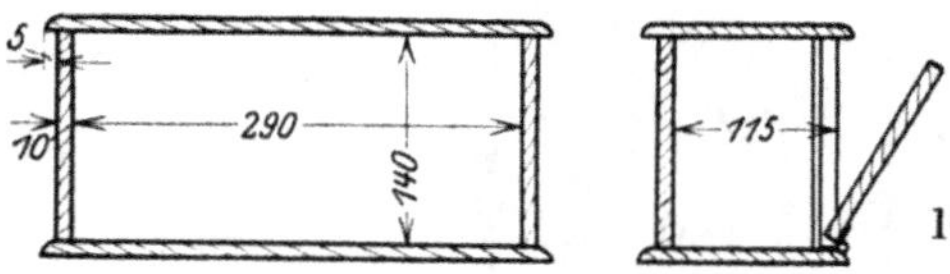

Abb. 87.

Die Drahtführung nach Abb. 89 wird mit versilbertem Kupferdraht vorgenommen.

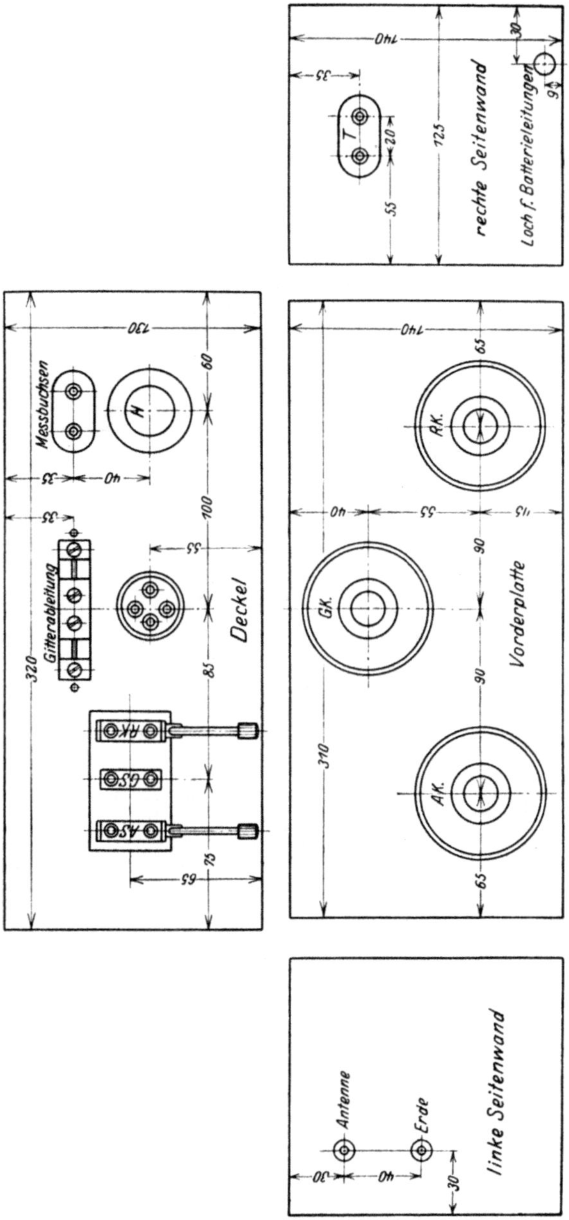
rechte Seitenwand
Loch f. Batterieleitungen
T
140
35
30
9
20
55
125
Deckel
Messbuchsen
Gitterableitung
H
RK
GS
AS
130
320
35
40
35
60
100
55
85
75
65
Vorderplatte
G.K.
R.K.
A.K.
140
310
40
55
115
65
90
90
65
linke Seitenwand
Antenne
Erde
30
40
30

Abb. 88.

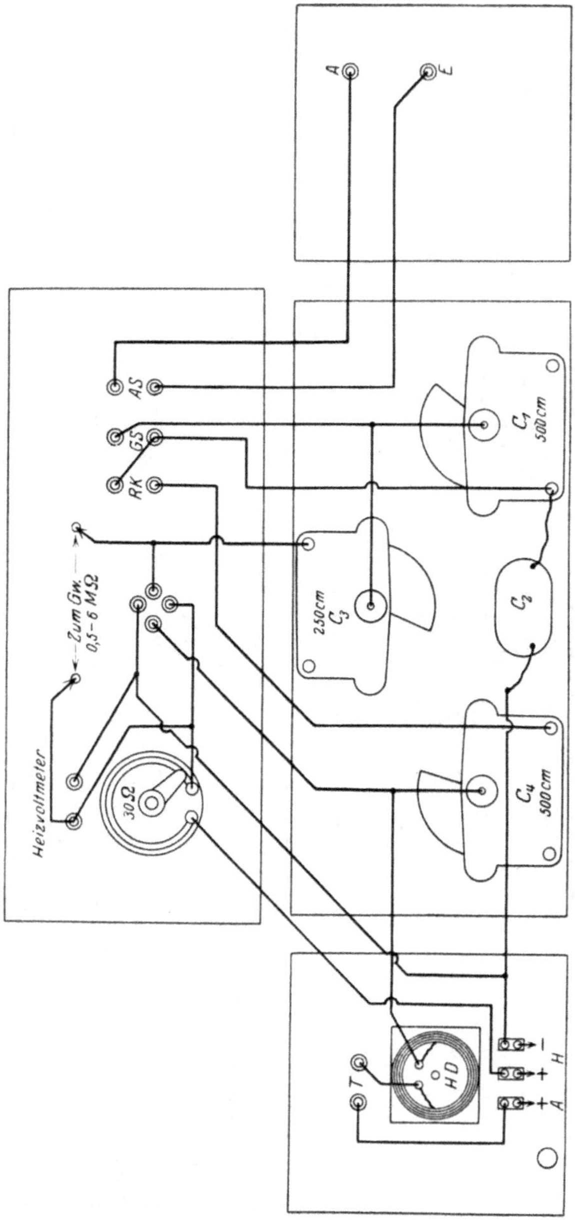
A
E
AS
GS
RK
C_1
500 cm
250 cm
C_3
C_2
C_4
500 cm
Zum Gw.
0,5–6 MΩ
Heizvoltmeter
30 Ω
T
HD
A
H

Abb. 89.

Die Empfangsresultate, die mit diesem Empfänger im T. R. A. erzielt wurden, waren gute.

Abb. 90 zeigt das Schaltschema für einen Zweiröhren-Leithäuser-Flewelling-Empfänger.

Die Liste der Einzelteile ist wie folgt:

1.	Schaltplatte Pertinax 300 × 250 cm		*RM.*	1.—
2.	Ein Holzkasten	ca.	„	3.—
3.	30 Steckbuchsen		„	2.80
4.	Zwei Lampensockel, à 1.20		„	2.40
5.	Zwei Heizwiderstände zu 30 Ohm à 1.20		„	2.40
6.	Ein Heizwiderstand, 6 Ohm		„	1.20
7.	Ein Silitstab mit Halter, 5 Megohm		„	1.80
8.	Ein Drosselspulenhalter		„	—.60
9.	Ein Blockkondensator „Doubilier“, 2000 cm		„	2.60
10.	Ein Drehkondensator, 250 cm mit Knopf		„	6.50
11.	Zwei Drehkondensatoren, 500 cm mit Knopf		„	15.—
12.	Ein Transformator Körting 1:7		„	12.—
13.	ca. 70 m Draht 0,4 2 Baumwolle			
	ca. 18 m „ 0,6 1 „			
	ca. 40 m „ 0,15 2 „	ca.	„	3.—
	ca. 4 m „ Schaltdraht			
			RM.	54.30

Als Röhren kommen 2 RE 97 zur Verwendung, die bei 90 Volt Anode ca. 5 Volt negative Vorspannung benötigen.

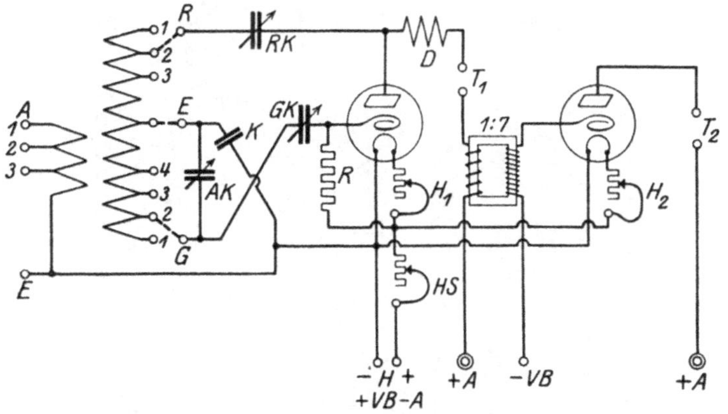

Abb. 90.

Zum Aufbau wählte ich wieder die flache Form, die ich bei einfachen Apparaten des leichten Arbeitens wegen vorziehe.

Der Kasten (Abb. 71) ist mit leichter Mühe selbst anzufertigen.

Die Spulen (Abb. 91) wurden auf Pappe gewickelt. Des besseren Aussehens halber wurden Abgriffe hergestellt, indem an der betreffenden Stelle ein Loch gestochen und der Draht endlos in langer Schleife, ca. 20 cm nach innen, durchgezogen wurde.

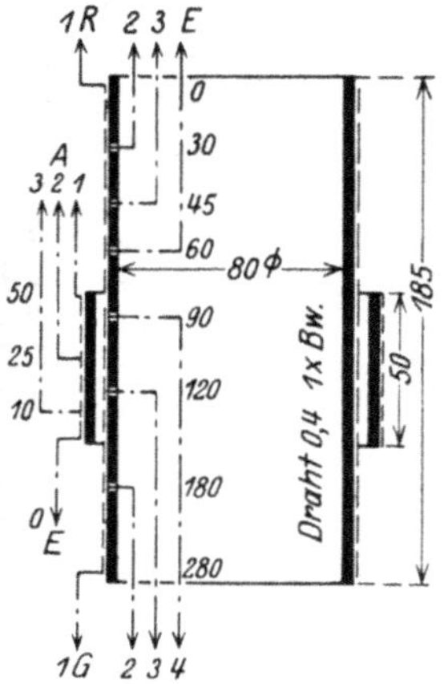

Abb. 91.

Die Schleife wird verdrillt, das Ende blank gemacht und gleich zum Anschluß an die Steckbuchsen benutzt. Die Antennenspule bekam ihre Abgriffe wieder außen; doch können sie natürlich auch innen liegen.

Als Drossel wurde eine nach Abb. 60 benutzt. Auf der Photographie (Abb. 93) sind andere Drosselspulen sichtbar, die sich aber nicht bewährten und infolgedessen durch obige Konstruktion ersetzt wurden. Die Außenansicht zeigt Abb. 92. Die Schaltplatte Abb. 94 und die Drahtführung Abb. 95.

Abb. 92.

Der Apparat hat einen Wellenbereich von 200—1300 m und zeigt unter etwas günstigen Bedingungen sehr große Reichweite.

Selbst an Zimmerantennen habe ich die größte Zahl der europäischen Stationen gehört.

Abb. 93.

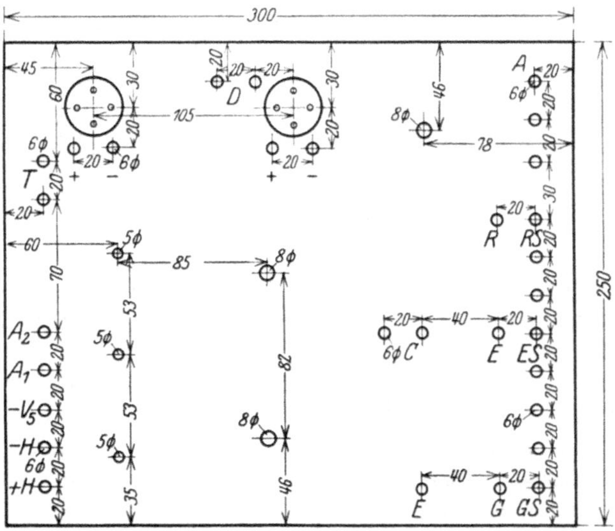

Abb. 94.

Beim Ausprobieren ist Vorsicht erforderlich, da der Apparat sehr stark schwingen kann.

Über die Bedienung der Flewelling-Empfänger wäre folgendes zu sagen: Bei normaler Heizung und Anodenspannung mit etwa 25 Windungen der Antenne und 60 im Gitterkreis stellt man zunächst den Gitterkondensator auf etwa 30° (ca. 60 cm) ein. Dann geht man mit der Rückkopplung herein, bis der Empfänger schwingt. Das Einsetzen der Schwingungen soll sich bemerkbar machen durch einen Ton ähnlich dem sog. Schroteffekt, etwa wie ein Knarren. Durch Drehen des Gitterkondensators wird dieser Ton höher und höher, bis er als hohes feines Singen stehen

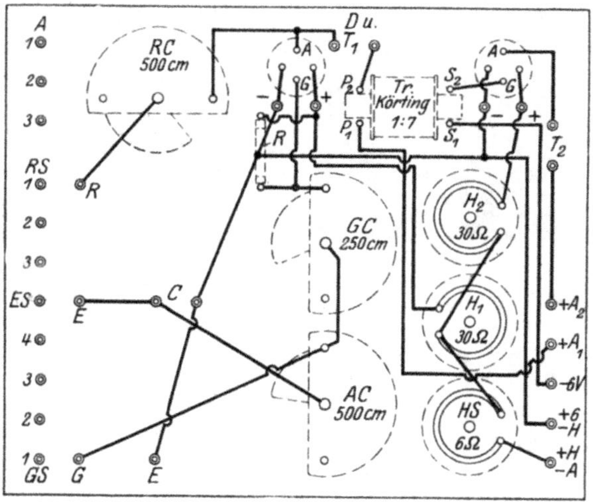

Abb. 95.

bleibt. Jetzt kann man mit der Rückkopplung wieder herausgehen und dann wie bei einem normalen Empfänger zum Fernempfang schreiten.

Die Größe des Silitwiderstandes und Gitterkondensators spielt eine große Rolle und muß alles von Fall zu Fall ausprobiert werden. Dem Anfänger ist vom Bau entschieden abzuraten, da er in den weitaus meisten Fällen keinen Erfolg haben und wahrscheinlich zum empfindlichsten Störer der Nachbarschaft wird.

Einen anderen Leithäuser-Flewelling mit 1—2-Niederfrequenz zeigt Schema 96 und Ansichten Abb. 97 und 98. Der Gitterkondensator ist fest, und der Flewellingeffekt durch Abgleichen erzielt worden. Der Wellenbereich kann durch Einstecken von

Honigwabenspulen in *V* 8 stark erweitert werden. Die Antenne zeigt zwei Schaltmöglichkeiten; sie kann völlig aperiodisch an-

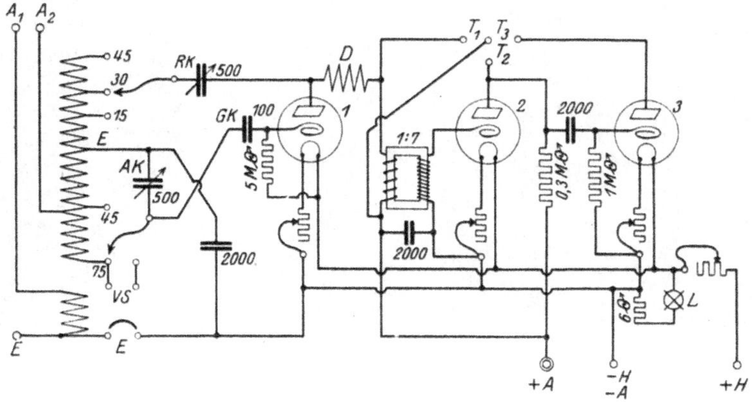

Abb. 96.

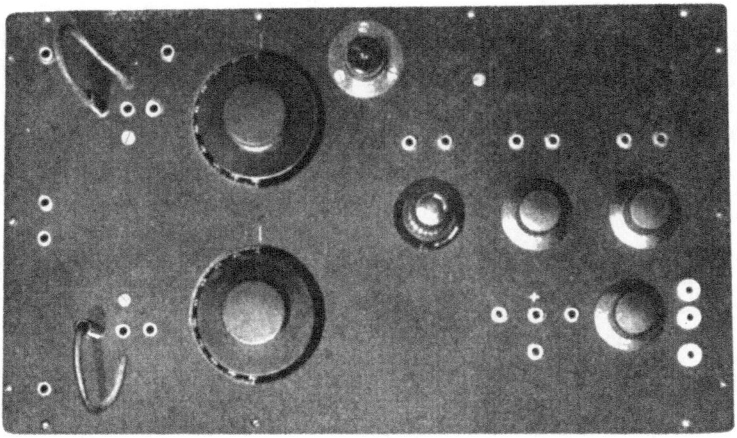

Abb. 97.

gekoppelt werden, wobei auch noch die Apparaterde unterbrochen werden kann. Doch läßt sie sich auch direkt galvanisch mit der Gitterspule koppeln.

Der Verstärker zeigt in der ersten Stufe einen Transformator (Körting 1:7), während die zweite widerstandsgekoppelt ist und

Abb. 98.

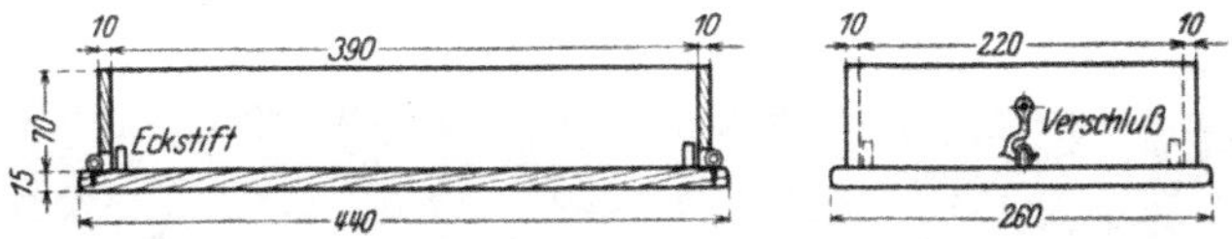

Abb. 99.

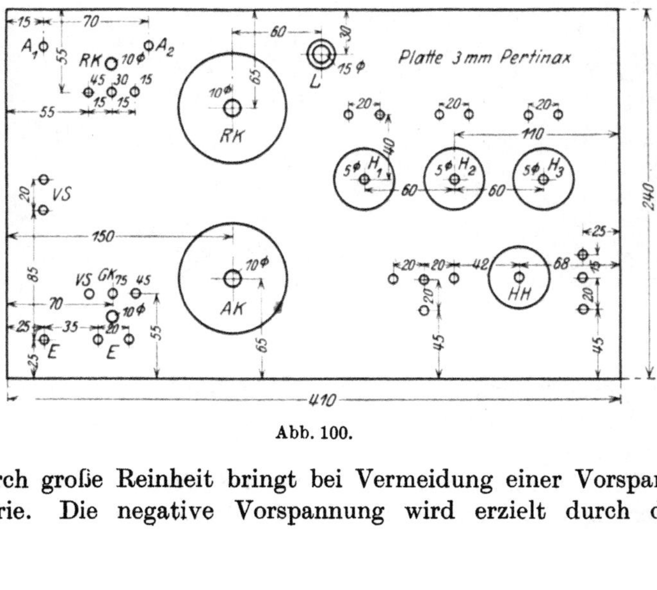

Abb. 100.

dadurch große Reinheit bringt bei Vermeidung einer Vorspannbatterie. Die negative Vorspannung wird erzielt durch den

Gitterkondensator (2000 cm) und geeignete Größe des Ableitwiderstandes (1 Megohm).

Der Empfänger ist in einem flachen Kasten (Abb. 99) untergebracht und ist gedacht zum Aufhängen an der Zimmerwand.

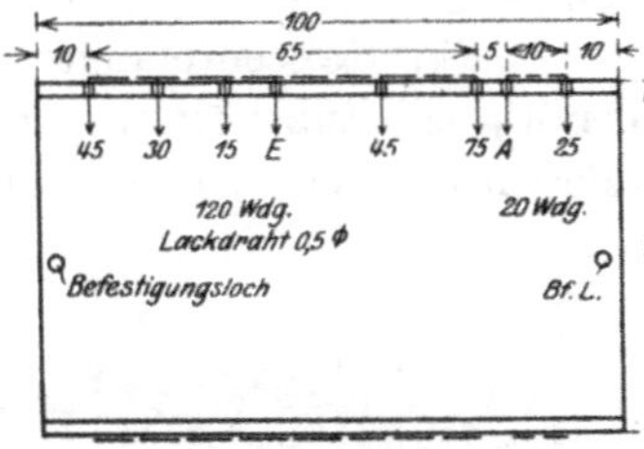

Abb. 101.

Als besondere Vorrichtung ist zu erwähnen die Kontrollampe L, die beim Einschalten der Heizung aufleuchtet und somit nach Beendigung der Sendungen ans Ausschalten erinnert.

Als Einzelteile fanden mit Ausnahme des Transformators gewöhnliche billige Teile Verwendung, doch muß der Heizwiderstand für das Audion Feinregelung besitzen. Vor die Kontroll-

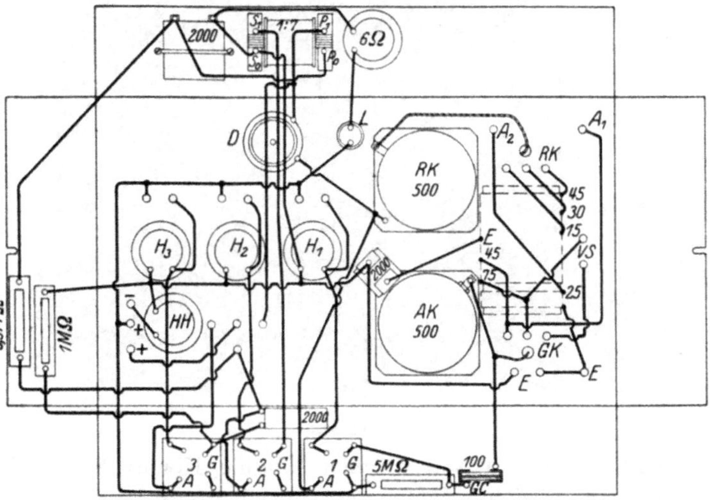

Abb. 102.

lampe L schaltet man am besten gleichfalls einen festen Widerstand von 6—10 Ohm, um den Stromverbrauch möglichst herabzudrücken. Abb. 100 zeigt die Schaltplatte, Abb. 101 die Spule und Abb. 102 den aufgeklappten Kasten mit Drahtführung und Anordnung der Einzelteile.

5. Reiseempfänger.

Die Anforderungen, die man an ein Reisegerät stellt, sind ganz anders geartet, als die Anforderungen an eine stationäre Empfangsanlage.

Ein Reiseempfänger muß klein und handlich sein. Alle benötigten Zubehörteile, Batterien, Kopfhörer, Antenne usw. müssen eingebaut, bzw. zum Transport im Kasten selbst unter-

Abb. 103.

gebracht werden. Glatte Formen, stabile Konstruktion, Stoßsicherheit und leichte Bedienung sind ebenfalls Bedingung.

Da die gewöhnlichen Röhren verhältnismäßig große und schwere Batterien brauchen, so sind sie für diesen Zweck schlecht verwendbar.

Wir verwenden hier also mit Vorteil die Doppelgitterröhren, die bei minimalem Stromverbrauch nur geringe Anodenspannungen, von ca. 10—15 Volt benötigen.

Der Reiseempfänger (Abb. 103/104) ist eine Zweiröhren-Leit-

häuser-Reinartzschaltung. Er enthält alles notwendige, 50 m Antennenlitze, Platz für 3 Röhren in Originalpackung, Platz für 2 Telefunkenkopfhörer und eine „Ihig“-Schalldose und mehrere Meter Gummiader oder Litze mit angelötetem, zugespitzem Messingstab zum Herstellen der Erdleitung. Heiz-, Anoden- und Vorspannungsbatterie sind selbstverständlich mit eingebaut.

An Einzelteilen benötigen wir:

Einen Kasten aus Eichenholz, naturpoliert, in den angegebenen Maßen, mit 2 hinteren und einem vorderen verschließ-

Abb. 104.

baren Klappdeckel, Tragegriff und Zwischenboden. Der Zwischenboden enthält unter den Spulen einen Ausschnitt am Rande von 130×15 mm, der zum Durchführen der Anoden-, Vorspann-, Gitter- und Antennenanschlüsse dient.

2 Spezialröhrensockel Telefunken *R*.
1 Dubilierblock 250 cm.
1 „Reico“-Drehkondensator 250 cm.
1 „Reico“-Drehkondensator 500 cm.
1 Amperemeter 0—0,2 Ampere.
2 Heizwiderstände 0—30 Ohm.
1 Silitstab ca. 3 Megohm mit Halter.
1 *NF*-Transformator 1 : 9 (Körting).
8 Schraubklemmen, 2 Steckbuchsen.

1 Trommel aus Messing oder Zinkblech zum Aufspulen der Antennenlitze und einen Kurbelschlüssel dazu (Schlittschuhschlüssel).
1 Drosselspule, Telephonspule 100—200 Ohm.
1 Anodenbatterie 15 Volt „Titania", von 1,5 zu 1,5 Volt abgreifbar.
1 normale Kastenheizbatterie 4,5 Volt 100×75×70 mm.
1 Vorspannbatterie 9 Volt 120—20—75 mm „Titania".
2 Röhren, Telefunken *RE* 821,

ferner für die Spulen Draht von 0,5 mm Stärke einmal mit Baumwolle besponnen und für die Koppelvorrichtung Messingrohr und Rundmessing sowie einen großen und einen kleinen Stellknopf.

Als Schaltplatte nimmt man für diesen Fall am besten eine in Paraffin gekochte Holzplatte, da Hartgummiplatten sich in der Wärme (Sonnenbestrahlung) leicht werfen und auch evtl. bei Stößen springen können.

Die Konstruktion und Anordnung aller Teile geht aus den Abb. 105—107 zur Genüge hervor.

Die Spulen für diesen Apparat werden der Raumersparnis halber als Sternspulen gewickelt. Die Gitterspule ist in der Mitte fest angebracht, sie erhält 60 Windungen. Die Antennenspule bekommt 30 und die Rückkopplungsspule 45 Windungen. Da wir an diesen beiden Spulen keine Abgriffe vorgesehen haben, weil der Platz für die erforderlichen Schalter nicht ausreicht, so müssen wir die Kopplung verändern können und bewirken dies durch Schwenken der Spulen. Die Anordnung der Koppelvorrichtung geht aus den Abb. 106—108 klar hervor.

Den Spulenkörper stellt man her aus einem runden Mittelteil aus Holz von $D = 28$ mm und 9 mm Breite, in den 7 oder 9 runde Holzstäbchen von 4—5 mm Durchmesser radial eingelassen sind. Die Spule wird gewickelt genau so wie die beschriebene Rahmenantenne. Nach Fertigstellen der Wicklung wird sorgfältig paraffiniert und die Holzstäbchen evtl. wieder entfernt. Der Haltbarkeit wegen empfehle ich jedoch 2 gegenüberliegende Stäbchen zu belassen.

Zum Aufspulen der Antennenlitze fertigen wir eine Blechtrommel an (Abb. 105/106) und löten das eine Ende der Litze an der Trommel fest. Das andere Ende erhält einen messingnen Ring, der genügend stark sein muß, um ein Durchrutschen durch den Schlitz zu verhindern. Die Achse der Trommel ist aus Messing mit Vierkant an einer Seite und läuft in passend gebohrten, aufgeschraubten Scheibenlagern aus Messing. Das eine dieser Lager

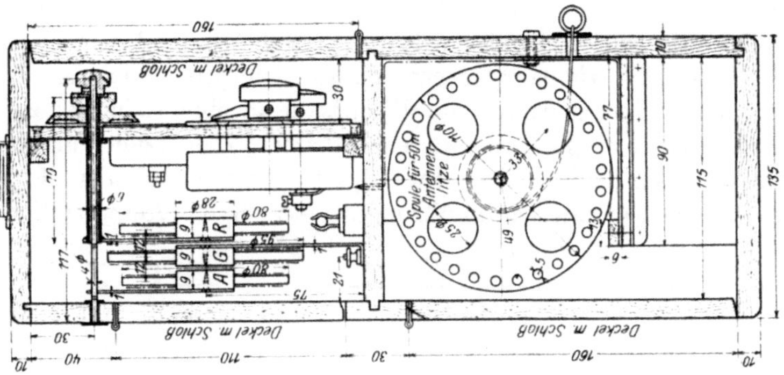

Abb. 106.

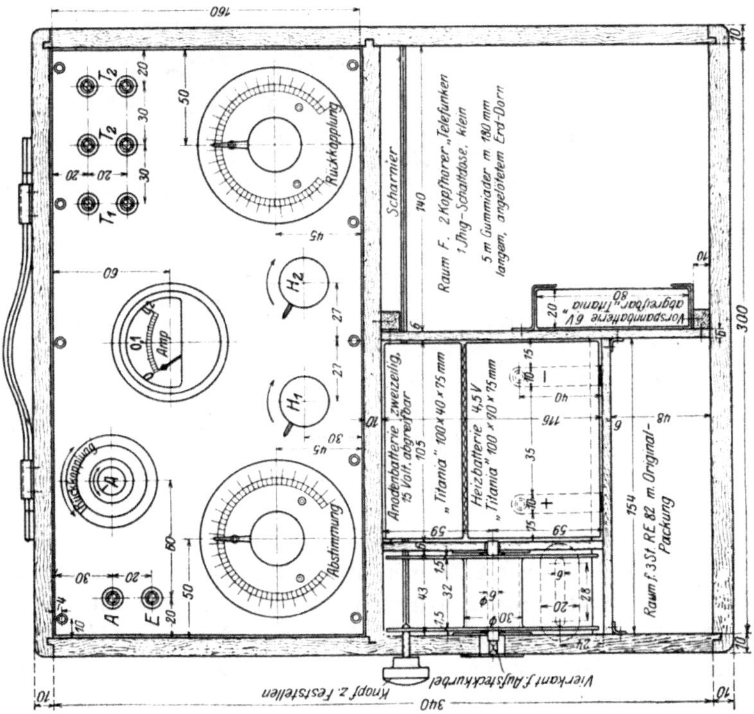

Abb. 105.

wird direkt von innen mit der Antennenklemme verbunden. Um einen sicheren Kontakt zwischen Trommel und Lager zu gewährleisten, stecken wir eine federnd gehämmerte, gebogene Messingunterlagscheibe auf die Achse zwischen Trommel und Lager. Gleichzeitig wird dadurch ein Klappern der Trommel verhindert. Als Feststellvorrichtung gegen unbeabsichtigtes Abrollen benutzen wir eine Schraube mit Knopf, die in eine Reihe konzentrisch gebohrter Löcher eingreifen kann. Das Loch für den Kurbelvierkant in der Kastenwand decken wir mit einem Blechring ab, ebenso den Durchführungsschlitz für die Antennenlitze.

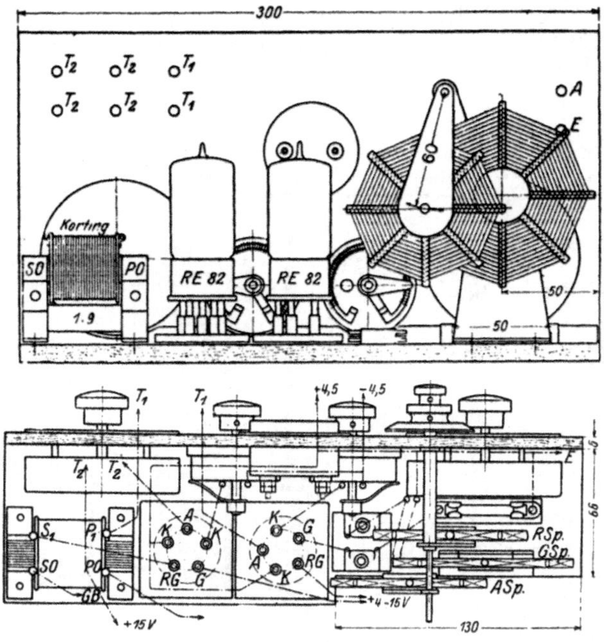

Abb. 107.

Da die Heizbatterie 2 Zungen hat, so ordnen wir als Kontaktvorrichtung 2 Messingblechstreifen an, die aber noch ein Stück an der vorderen Kastenwand hochgehen und hier mit je einer Steckbuchse festgehalten werden. Wir können dann evtl. die Lampen auch von außen her an eine Heizbatterie anschließen. Von diesen Steckbuchsen aus gehen dann die Heizleitungen direkt zu den Heizwiderständen bzw. Sockeln.

Die Batterien sind liegend angeordnet, außer der Vorspannungsbatterie, die hochkant gestellt ist. Die Batterien sind zugänglich von hinten durch den unteren Klappdeckel, und die Anschlüsse werden bewirkt durch kurze Enden Gummiader mit Anodenstecker. Man tut gut, die Batterien durch übergeschraubte Messingbänder oder Vorreiber unverrückbar auf ihrem Platz zu befestigen.

Als Erdung benutzen wir ein ca. 5—10 m langes Stück Antennenlitze, die einerseits innen direkt mit der Erdklemme verbunden wird und andererseits einen 180 mm langen ca. 4 mm starken zugespitzten Messingstab angelötet erhält, der zwecks Erdung in feuchtes Erdreich gesteckt wird. Für die Durchführung nach

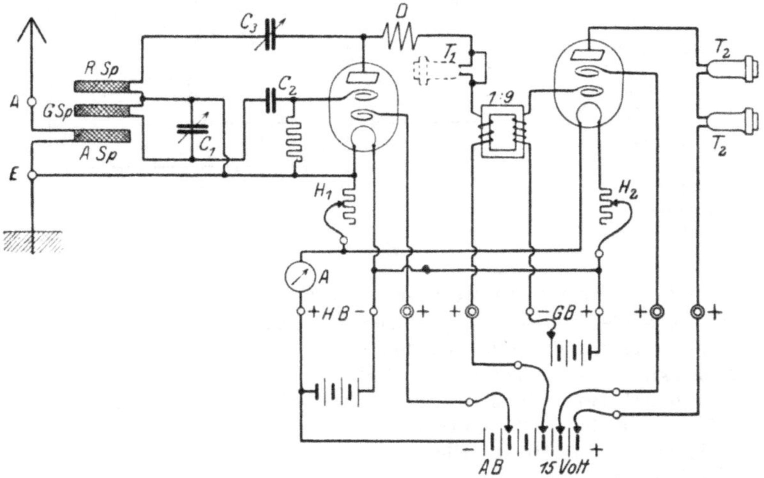

Abb. 108.

außen bringen wir am unteren Klappdeckelrande einen kleinen Schlitz an.

Die Leitungsführung bereitet keine Schwierigkeiten, sie geht zum Teil aus der Abb. 107 hervor. Das Schaltungsschema zeigt Abb. 108.

6. Der Kurzwellenempfänger des T. R. A.[1])

Da es für die Durchführung der Kurzwellenversuche, die vom T. R. A. vorgenommen wurden, erwünscht war, überall Empfänger gleicher Konstruktion zu verwenden, ist vom T. R. A. (Prof. Leit-

[1]) Veröffentlicht im „Radio-Amateur“.

häuser) der nachstehend beschriebene Kurzwellenempfänger ausgearbeitet worden.

Die Schaltung des Empfängers zeigt Abb. 109. Die aperiodische Antenne wird mit einer kleinen drehbaren Spule von 4 Windungen auf den Empfangskreis gekoppelt. Der Wellenbereich ist 45—120 m. Die Länge der Antenne ist unwesentlich, am besten ist die gewöhnliche Rundfunkantenne mitzubenutzen.

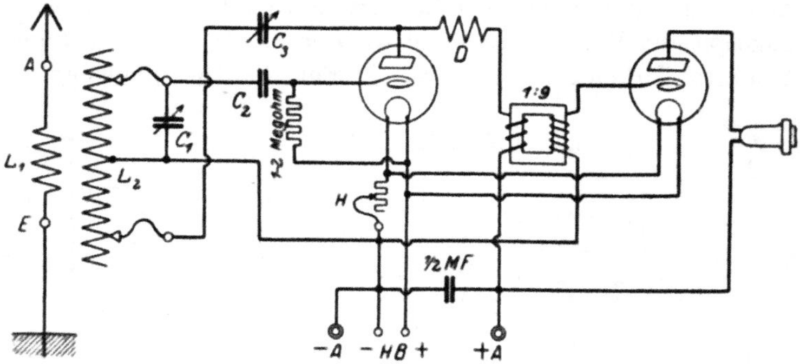

Abb. 109.

An Apparatteilen werden benötigt:

2 Drehkondensatoren 1000 cm und 250 cm.
1 Gitterblockkondensator 300 cm.
1 Blockkondensator (Papier) 1 *MF*.
1 Gitterableitwiderstand 1—2·10^6 Ohm, Silit auf Porzellansockel.
1 Transformator 1 : 9 (Körting).
1 Heizwiderstand 20—25 Ohm.
2 Röhrensockel.
1 Pappzylinder 8,5 cm Durchmesser und 10 cm Länge zur Empfangs- und Rückkopplungsspule.
1 Pappzylinder 5 cm Durchmesser und 4 cm Länge zur Antennenspule.
1 Pappzylinder 6 cm Durchmesser und 4 cm Länge zur Anodendrossel.
Außerdem noch Steckbuchsen, Isoliermaterial usw.

Die Montage der einzelnen Apparatteile erfolgt auf einem Grundbrett von 25 × 25 cm, das unten mit dünnem Blech bekleidet ist (Abb. 110/111). Die beiden Drehkondensatoren für die Rückkopplung und die Abstimmung des Empfangskreises sind an einem senkrecht an dem Grundbrett befestigten Brett 16 × 25 cm angebracht, das vorn auch mit einem Blechbelag versehen ist, der mit demjenigen des Grundbrettes metallisch verbunden sein muß (Abb. 110/112). Dieses Brett trägt auch die Drehknöpfe und Steckbuchsen der einzelnen Schaltelemente.

Bei der Montage ist darauf zu achten, die äußere Belegung des Rückkopplungskondensators nicht mit dem Blechbelag, etwa durch die Befestigungsschrauben, in leitende Verbindung zu bringen. Beim Abstimmkondensator schadet eine solche Verbindung nichts. Bei diesem achte man darauf, daß die innere isolierte Belegung mit dem Gitterkondensator verbunden wird. Die beiden Drehkondensatoren haben eine Größe von etwa 250 cm. Als Abstimmkondensator ist es vorteilhaft, einen sog. Kurz-

Abb. 110.

wellenkondensator von etwa 250 cm einzubauen. Der größere Plattenabstand eines solchen Kondensators verhindert Kurzschlüsse durch Staubteilchen, wodurch bei engem Plattenabstand beim Drehen starke Geräusche entstehen können.

Die Empfangs- und Rückkopplungsspulen sind zusammen auf einen Pertinaxzylinder gewickelt. Dieser hat die Größe von 8,5 cm Durchmesser und 10 cm Länge. Die Wicklung besteht aus 0,5 mm starkem Emailledraht in 25 Windungen, die einen Abstand von 3—4 mm haben. Anfang und Ende dieser Spule und 2 Abgriffe, je einen zur Verkleinerung der Abstimmspule, werden an isolierte Klemmen gelegt (Abb. 111). Die Mitte der Spule liegt an einer Klemme, die nicht isoliert zu sein braucht. Die Abstimmspule bekommt ihren Abgriff nach 5 Windungen vom Ende, die Rückkopplungsspule nach 4 Windungen vom andern Ende. Die Verkleinerung der Abstimmspule bewirkt eine Herabsetzung der Wellenlänge, eine Verkleinerung der Rückkopplungsspule späteres

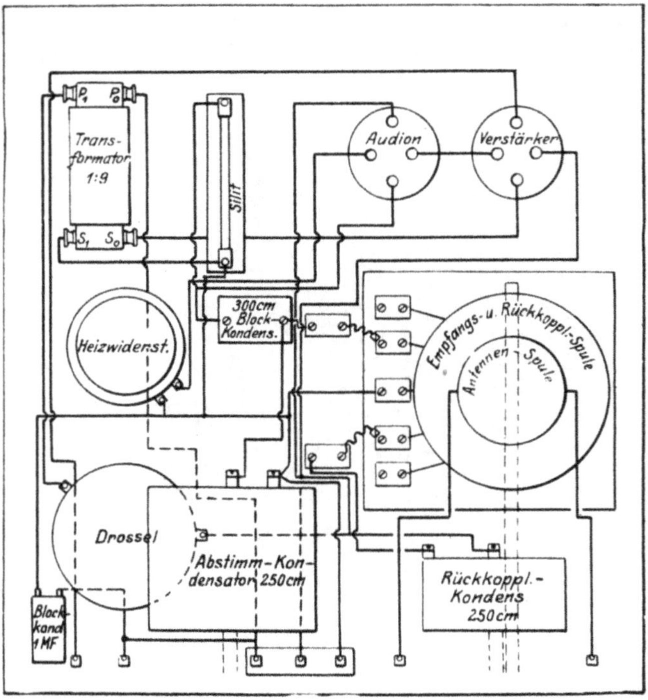

Abb. 111.

Einsetzen der Schwingungen. Die Spule trägt gleichzeitig die durch eine Achse drehbare Antennenspule.

Die Antennenspule besteht aus 2 × 2 Windungen, die auf dem kleinen Pertinaxzylinder aufgebracht werden.

Die Achse reicht durch die Vorderwand hindurch und kann von außen betätigt werden.

Die im Anodenkreis vor dem Transformator liegende Drossel besteht aus etwa 120 Windungen isoliertem Kupferdraht von 0,2 mm Stärke.

Die Verbindungsleitungen führe man auf dem kürzesten Wege. Die Montageskizze (Abb. 111) zeigt nur die Anordnung der Apparate. Die Führung der Leitungen soll nicht auf dem Grundbrett erfolgen, wie diese Skizze zeigt, sondern man gehe frei durch den Raum und achte darauf, daß keine Parallelführungen vorkommen.

Die ganze Anordnung wird in einen Blechkasten geschoben, der auf einer Seite offen ist. Die offene Seite wird durch die mit Blech verkleidete Bedienungsplatte verschlossen. Alle Blechverkleidungen müssen gut leitend verbunden sein. Eine Erdung dieses Blechgehäuses hat sich als nicht günstig erwiesen. An die Drehknöpfe der beiden Drehkondensatoren sind Verlängerungsstäbchen anzubringen zur Vermeidung der Handkapazität.

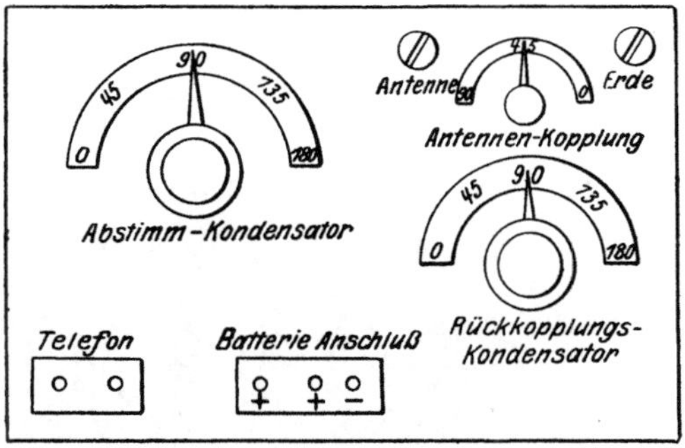

Abb. 112.

Um die Schwingfähigkeit des Empfängers zu prüfen, stellt man den Rückkopplungskondensator auf Null und dreht ihn dann langsam ein. Beim Einsetzen der Schwingungen hört man ein weiches Knacken im Telephon. Setzt das Schwingen schwer ein, so kann man etwas durch stärkeres Heizen der Röhren nachhelfen. Schwingt der Empfänger zu leicht an, so daß bei der Stellung Null des Rückkopplungskondensators die Schwingungen nicht aufhören, so heizt man etwas schwächer. Auch die Veränderung der Anodenspannung in den zulässigen Grenzen hilft. Den lautesten Empfang hat man an der Stelle der Rückkopplung, wo gerade die Schwingungen einsetzen.

Es soll noch darauf hingewiesen werden, daß in dem Schaltbild die Heizfäden der beiden Röhren parallel an die Heizbatterie bzw. an den Regulierwiderstand geschaltet sind, während sie in der Montageskizze hintereinander liegen. Das bedeutet für die Heizbatterie also die doppelte der für eine Röhre vorgesehenen Spannung. An der Wirkung der Anordnung wird dadurch nichts geändert.

Geeignete Röhren sind: *LE* 244, und *RE* 95.

Haben wir uns einige Zeit mit diesen Apparaten beschäftigt und sind in der Bedienung firm geworden, dann können wir uns an solche mit *HF*-Verstärkung wagen.

7. Empfänger mit *HF*-Verstärkung.

Der Vierröhrenempfänger (Abb. 113, 114, 115) ist schon ein sehr hochwertiges Gerät. Er gestattet nach Wunsch Empfang mit Hoch-, Hilfs- und Rahmenantenne, mit und ohne *HF*-Verstärkung, mit Audion allein und mit einer oder zwei Stufen *NF*-

Abb. 113.

Verstärkung. Außerdem können wir die Wirkung eines Sperrkreises (Wellensieb) daran ausprobieren. Zwecks Nachmessen der einzelnen Lampenspannungen ist der Empfänger mit einem Voltmeter von 0—3 Volt ausgerüstet. Bei Benutzung moderner, stromsparender Röhren sollte man die Benutzung eines Voltmeters nie unterlassen. Der Anschaffungspreis macht sich sehr bald bezahlt durch den bedeutend geringeren Röhrenverbrauch.

Dieser Apparat beherrscht einen Wellenbereich von ca. 200 bis 1200 m.

An Material benötigen wir:

1 Drehkondensator (C_6) 500 cm.
2 Drehkondensatoren (C_1, C_2) 500 cm mit Feineinst.
1 Drehkondensator (C_3) 250 cm.
1 Dubilierblock (C_4) 250 cm.
1 Blockkondensator (C_5) 3000—9000 cm.
2 Potentiometer (P_1, P_2) je 600—1000 Ohm.
1 veränderl. Silitstab (W) 0,5—6 Megohm.
1 Drosselspule (D) Telephonspule 100—200 Ohm.
2 *NF*-Transformatoren (Körting) 1 : 7 (T_1) und 1 : 3 (T_2).
4 Heizwiderstände (H_{2-4}) je 15 Ohm.
1 Heizwiderstand (H_1) 6 Ohm, gleichzeitig Hauptschalter.

Abb. 114.

1 Drehspulvoltmeter (V) 0—3 Volt.
5 Schalter (Schleifer).
28 Kontaktknöpfe dazu, Schaft anbohren!
4 Lampensockel sog. Topfsockel, mit französischer oder Telefunkenfassung.
5 Honigwabenspulen 25, 35, 50, 75, 100 Windungen.
17 Schraubklemmen.
4 Steckbuchsen mit Lötansatz.
4 Steckbuchsen ohne Lötansatz.
1 Hartgummiplatte 500×180×6 mm.
1 Hartgummistreifen 500×40×6 mm.

Zunächst lassen wir uns von einem Tischler die benötigten Holzteile anfertigen, Kastenboden 530 × 210 × 15 mm, 2 Seitenwände (Abb. 116) mit gerundeten Außenkanten, ein Oberteil (Röhrenbrett, Abb. 117) 520×72×10 mm, ein Stück Verbin-

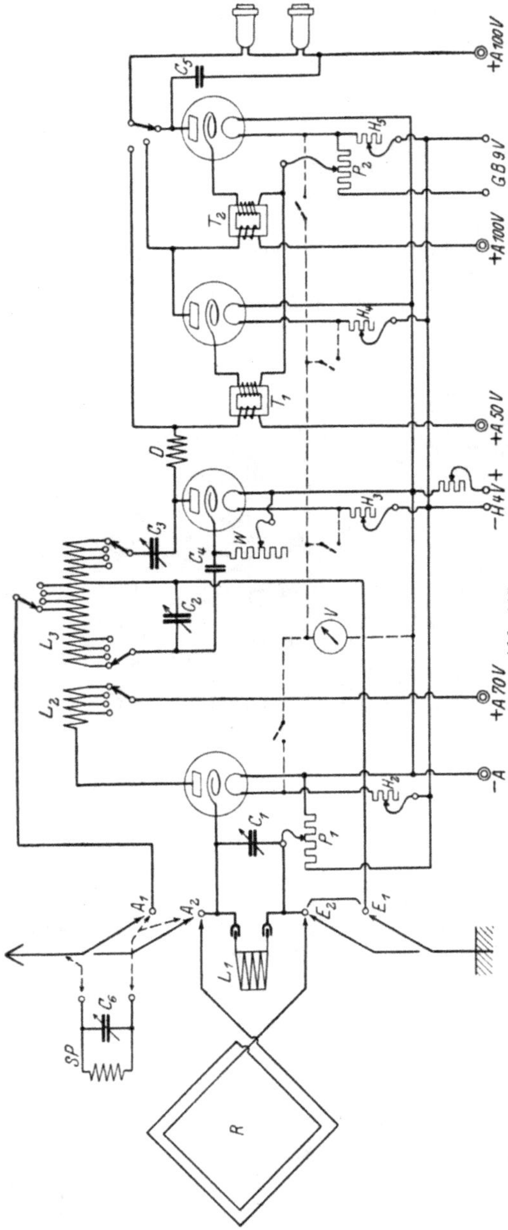

Abb. 115.

dungsleiste Abb. 117 sowie ca. 3 m Leiste 8×8 mm. Die 4 Löcher im Oberteil zur Aufnahme der Lampensockel lassen wir am besten gleich mit ausschneiden. Für L_1 wird auf der linken Seite noch ein kleiner Ausschnitt 15 × 30 mm gemacht. Hier kommt das Hartgummiplättchen mit den 2 Steckbuchsen für die Honigwabenspule hin.

Jetzt übertragen wir sorgfältig die Schaltplattenzeichnung (Abb. 117) auf die beiden Hartgummiplatten und körnen nun sämtliche Löcher bis auf die Befestigungslöcher der Drehkondensatoren an.

Sodann bohren wir alle Löcher und zeichnen und bohren auch die Löcher für die Befestigungsschrauben der einzelnen Drehkondensatoren.

Aus Messing oder Aluminiumblech schneiden wir 3 Streiten 75 × 16 × 1 mm, biegen sie in der angegebenen Weise und schrauben damit den Oberteil und die Schaltplatte aneinander.

Die Klemmenleiste wird an dem Schaltbrett befestigt durch Zwischenschrauben der Holzleiste *L* (Abb. 117). Als Befestigungsschrauben nehmen wir Messing-Holzschrauben mit Linsenkopf.

Jetzt bringen wir den Kapazitätsschutz und die Beschilderung an. Dann montieren wir nacheinander die Heizwiderstände, Potentiometer, Schalter, Klemmen und dann die Drehkondensatoren, die Brücke und die *NF*-Transformatoren.

Zum Schluß endlich werden die Lampensockel und die Klinkenschalter montiert. Die Klinkenschalter (K_5) stellen wir uns selber her aus abgeschnittenen Steckbuchsen, Hartgummiklötzchen und

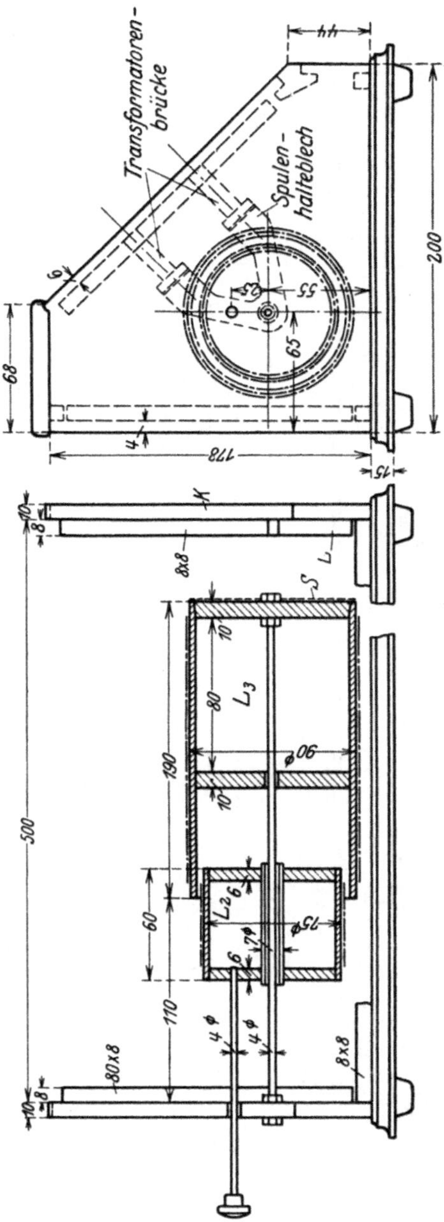

Abb. 116.

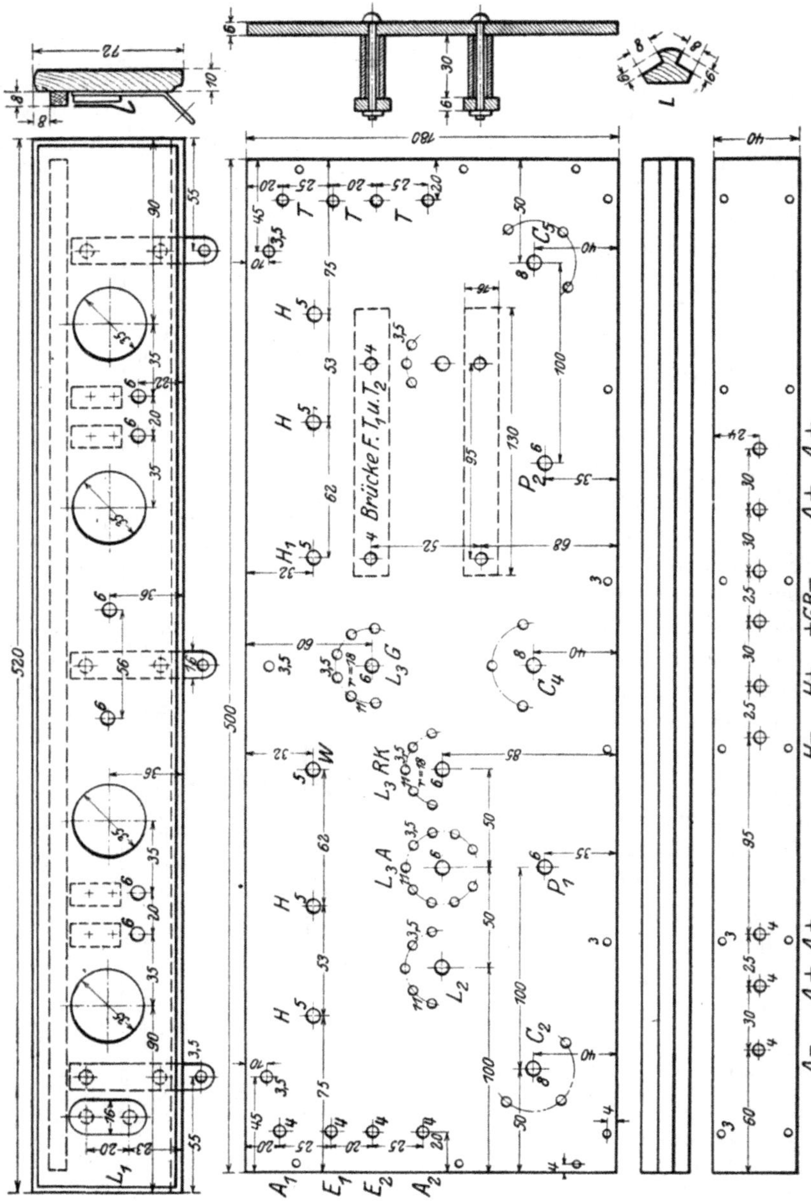

Brücke F. T1 u. T2
T T T
H H H1 W H H
L3 G
L3 RK
L3 A
L2
C5 C4 C2
P2 P1
L1
L
A1 E1 E2 A2
A− A1+ A2+ H− H+ +GB− A3+ A4+

Abb. 117.

Messingzungen von alten Taschenlampenbatterien. Für das Voltmeter bauen wir auf dem Oberteil in der Mitte eine Konsole auf aus einem Blechwinkel, der mit dem Oberteil und der Voltmetermontageplatte aus Hartgummi verschraubt wird. Zum Verschrauben benutzen wir 4 offene Steckbuchsen, und ziehen die beiden Voltmeteranschlüsse später isoliert hindurch.

Ist dieser zusammenhängende Teil fertig gestellt, dann bauen wir danach den Kasten zusammen. Die linke Kastenwand wird später auch noch fest an dem Schaltteil angeschraubt, weil sie die Spule und die Koppeleinrichtung trägt (Abb. 116). Die rechte Kastenwand allein bleibt am Grundbrett befestigt. Die Anschlüsse des an der rechten Kastenwand angebauten Sperrkreises werden auf dem Kastenboden entlang geführt nach der anderen Seite und endigen in 2 gewöhnlichen Schraubklemmen.

In der linken Kastenwand, über dem Knopf der Koppeleinrichtung, werden 2 Steckbuchsen eingelassen. Innen wird an diese Steckbuchsen je ein isoliertes Stück Litze gelötet. Die Enden dieser Litze werden in die Schraubklemmen des Sperrkreises geklemmt. Jetzt kann man von außen mittels Bananenstecker beliebige Verbindungen des Sperrkreises zur Antennen- oder Erdklemme herstellen.

Als Auf- und Anlage für die Hartgummiplatten werden an der Innenseite des Kastenbodens, der Wände und des Oberteils entsprechend lange Stücke Holzleiste 8 × 8 mm angeschraubt (Abb. 116).

Die Spule L_3 wird auf einen paraffinierten Pappkörper von $D = 9$ cm gewickelt, wie im Abschnitt Spulenbau beschrieben. Sie erhält 2 Wände (Abb. 116) von 10 mm Stärke, durch die eine 6 mm starke, an beiden Enden mit Gewinde und Muttern versehene Messingstange gesteckt wird, die zum Tragen des Spulensystems dient. Die äußere Seite der Spule kann man noch gegen die Transformatoren abschirmen durch eine Stanniolauflage (s. Abb. 116).

Die Kopplungsspule (Anodenspule) L_2 wird auf einen Pappkörper $D = 75$ mm gewickelt mit Lackdraht von 0,15 mm Durchmesser. Sie erhält im ganzen 220 Windungen mit Abgriffen bei 0,80, 110, 130, 160 und 220. Die Abgriffe bei dieser Spule werden hergestellt, indem man an den betreffenden Stellen durch einen Einstich eine Drahtschleife nach innen zieht und hier ein Stück dünne Seidenlitze anlötet. Die Seidenlitzen werden zum Schluß durch Einstiche am Ende der Spule wieder nach außen gezogen, nachdem man vorher einen Knoten hineingeschlagen hat, der verhindert, daß der feine Spulendraht auf Zug beansprucht wird. Spule und Litze werden paraffiniert.

Die Koppelspule erhält beiderseits ca. 6 mm starke Holz- oder Hartgummideckel, die in der Mitte durch ein Kupferrohr verbunden sind, daß sich leicht über die vorher erwähnte Messingstange schieben lassen muß. Als Bedienungshandgriff wird eine Messingstange mit Knopf eingeschraubt, die aus der Kastenwand herausragt (Abb. 116).

Die Leitungen verlege man nach bekannten Grundsätzen peinlich sauber und scheue sich nicht einzelne davon evtl. umzulegen.

Die Leitungen des Rückkopplungskondensators werden vorteilhaft isoliert und mit geerdetem Stanniolbelag versehen.

Geeignete Röhrenzusammenstellungen sind:

I	II	III	IV
RE 144 *U* 60 *U* 60 Valvo *H*	*LE* 244 *U* 60 *U* 45, 220 Valvo *N*	*RE* 154 *U* 60 *U* 220 Valvo *N*	*RE* 154 *U* 550 *U* 550 Valvo 201 *B*

Für die Bedienung des Empfängers gilt das allgemein bereits oben Gesagte.

Will man die *HF*-Stufe benutzen, so tut man am besten, wenn man mit Schaltung A_1—E_1 (Abb. 115) den Sender sucht und wenn der Überlagerungston einsetzt, auf A_2—E_2 umschaltet und nunmehr unter Verändern von C_2 und Kopplung der Spulen L_2—L_3 und der Gittervorspannung P_1 Empfang zu erlangen sucht. Hat man Empfang, so versuche man zu verbessern, indem man Anodenspannung, Heizung (beides ist bei *HF* sehr kritisch), Anodenspule L_2 und Rückkopplung verändert. Bei Empfang mittels Rahmen bedient man sich mit Vorteil eines einfachen Wellenmessers.

Die Selektivität dieses Empfängers ist so gut, daß Fernempfang zu erzielen ist beim Arbeiten des Ortssenders. Unter Umständen kommt man (wie mir einzelne Amateure berichteten) bis auf 40 Wellenmeter an den Ortssender heran, ohne daß dieser störend durchschlägt. Je kleiner man die Antenne wählt, desto größere Selektivität wird man im allgemeinen erzielen.

8. Fünfröhren-Experimentierempfänger.

Da ich vielfach und an den verschiedensten Orten Empfangsversuche anstellte (1925), auch die verschiedensten Röhren, Transformatoren und Spulen ausprobierte, kam ich auf den Gedanken, ein Experimentiergerät zu bauen, das alle Vergleiche gestattete und gleichzeitig zur Vorführung geeignet sein sollte.

Das Gerät sollte in einem geschlossenen Kasten alles Notwendige enthalten bis auf Heizbatterie und Lautsprechertrichter, so daß ein Transport ohne große Umstände möglich wäre.

Folgende Bedingungen wurden gestellt:

1. Wellenbereich 180—10000 m.
2. Verwendung von Zylinder- und Honigwabenspulen.
3. Alle Stufen schaltbar wie beim Vierröhrenempfänger.
4. Möglichkeit der Verwendung sehr verschiedener Röhren.
5. Detektorempfang allein und Verwendung des Detektors an Stelle der Audionröhre.
6. Einfache, zweifache und Gegentaktniederfrequenzverstärkung.
7. Möglichkeit, den Empfänger strahlungssicher zu machen.
8. Möglichkeit von Siebkreiseinschaltung in die Antenne, die Erde und in beide gleichzeitig.

Ferner sollten folgende Messungen für die anzustellenden Vergleiche vorgenommen werden können:

1. Wellenmessung von 150—10000 m.
2. Messung von Heizstrom und -spannung, an jeder Röhre einzeln.
3. Messung von Anodenstrom und -spannung, an jeder Röhre.
4. Lautstärkemessung.
5. Messung der Antennengrundschwingung.
6. Messung der Antennenkapazität und Selbstinduktion einschließlich Messung von anderen Kapazitäten und Selbstinduktionen.
7. Qualitative Dämpfungsmessungen an Spulen.
8. Aufnahme der hauptsächlichen Röhrenkennlinien.

Abb. 117 zeigt das Hauptschaltschema. Links oben unter A_1 sehen wir einen kombinierten Kreis, der sich als Wellenmesser (mit *HW*-Spulen) mit Summer und Batterie, als Meßkreis mit Detektor und Telephon und als Siebkreis, schaltbar auf A_2 oder A_3, schalten läßt. Die *HW*-Spule läßt sich nach Belieben (wie die Pfeile andeuten) mit sämtlichen anderen Spulen koppeln.

Die Schaltung als Wellenmesser muß natürlich geeicht werden.

Der Abstimmkreis der 1. (*HF*-)Röhre hat ebenfalls verschiedene Funktionen. Der hier eingebaute Kondensator muß geeicht sein. Der Kreis wird alsdann in Verbindung mit dem vorherbeschriebenen Meßkreis benutzt zur Messung von Kapazitäten und Induktionen (z. B. der Antenne), er kann erregt werden, durch Summer und Batterie. Ferner läßt er sich auch als Siebkreis schalten und nach Belieben in die Antenne oder Erde legen.

Die eine Heizleitung jeder Röhre zeigt eine Unterbrechung mit Steckbuchsen, in die ein Zusatzwiderstand eingesteckt werden kann, z. B. wenn man gleichzeitig Röhren mit 1 und 5,5 Volt Spannung verwendet. Außerdem weist die Hauptheizleitung zur 1. Röhre eine doppelte Unterbrechung auf, um durch Anschalten eigener Batterien den Apparat strahlungssicher machen zu können.

Die Heizwiderstände sind der feineren Einstellung wegen alle nur 6 Ohm. In der Plusleitung ist aber noch ein Stufenwiderstand zur Grobregelung und noch ein Heizwiderstand (*HH*) von 6 Ohm vorgesehen, um während des Betriebes ein evtl. Nachlassen der Heizbatterien ausgleichen zu können.

Die Spannung des Heizfadens der einzelnen Lampen kann mit dem Voltmeter gemessen werden, das durch einen Schalter auf alle Leitungen und auch ausgeschaltet werden kann. Dieselbe Einrichtung ist für die Messung des Anodenstroms getroffen, nur daß hier die Anodenzuleitung der zu messenden Röhre in die Steckbuchse *A* beim Milliamperemeter gesteckt wird.

Sämtliche Meßinstrumente erhalten in jeder Leitung noch eine Steckbuchse, um auch von außen her direkte Messungen bewirken zu können.

Die Zylinderspulen können ausgetauscht und auch für die Wellen über 1200 m durch *HW*-Spulen ersetzt werden.

Der Rückkopplungskondensator kann wahlweise auf die Audionröhre und die *HF*-Röhre, sowie ganz ausgeschaltet werden. Die übliche *HF*-Drossel macht man ebenfalls auswechselbar.

Die erste *NF*-Stufe kann auf drei verschiedene Arten geschaltet werden:

1. Als Drosselverstärker mittels eines als Drossel (hintereinander-) geschalteten *NF*-Transformators.

2. Als Widerstandsverstärker mit auswechselbarem Silitstab.

3. Mit Niederfrequenztransformator.

Zu 1 und 2 wird die Übertragung auf die *NF*-Röhre durch einen großen Kondensator von ca. 1500 cm bewirkt, das Gitter wird dann abgeleitet über einen Silitstab von 1—6 Megohm nach Minusheizung (Potentiometer).

Die Transformatoren sind alle auswechselbar, sie sind mit Stecker und Steckbuchsen geschaltet. Für die Gegentaktverstärkung verwendete ich sog. Push-Pull-Transformatoren, die von Körting geliefert wurden. Man kann jedoch durch beliebiges Abschalten einer Röhre eine einfache Verstärkerstufe herstellen.

Ganz rechts sehen wir noch die Parallelohmanordnung bestehend aus einem geeichten Schiebewiderstand von 10 bis 1500 Ohm.

In der Mitte unten sehen wir die Sondereinrichtung zur Aufnahme der Röhrenkennlinien.

Die prinzipiellen Meßanordnungen und Meßmethoden finden sich in den einschlägigen Büchern. Durch Vergleich der Prinzipschaltungen wird man sehr schnell das Entsprechende im Schema dieses Apparates herausfinden.

Zur Erleichterung jedoch sind in den Abb. 119 u. 120 die hauptsächlichsten Anordnungen und Stromkreise gesondert dargestellt.

Abb. 119 zeigt links die Anordnung für die Antennenmessungen.

Die erste Röhre ist von den gemeinsamen Heizleitungen abgetrennt und mit eigener Heiz- und Anodenbatterie versehen (strahlsichere Vorröhrenschaltung).

Es wird Empfang gezeigt mit Detektor, *HW*-Spule und einer Stufe Niederfrequenz, die transformatorisch gekoppelt ist.

Die Parallelohmanordnung für Lautstärkemessung liegt hinter der *NF*-Röhre.

Der Schalter des kleinen Voltmeters steht auf Spannungsmessung der *HF*-Röhre, das Amperemeter mißt den Verbrauch für *NF*-Röhre.

Der Schalter des Milliamperemeters steht in Meßstellung für die *NF*-Röhre.

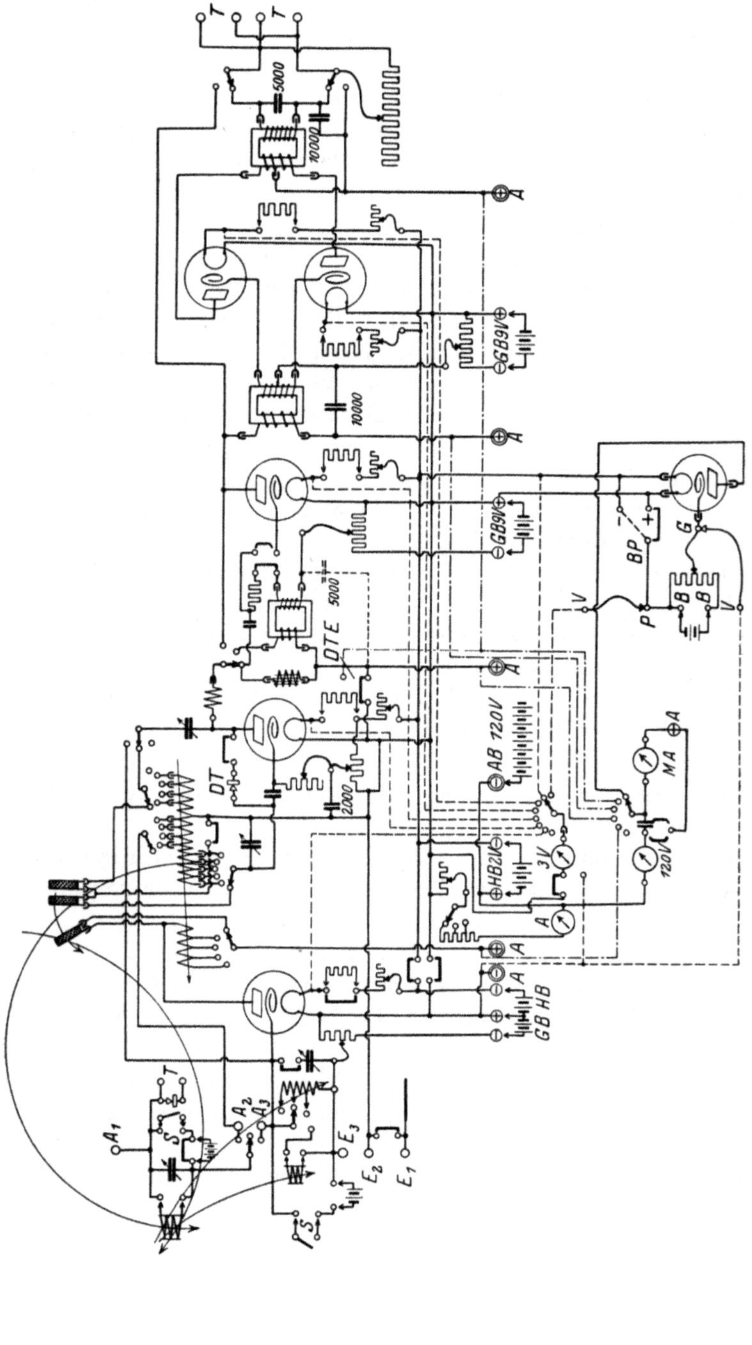
T
T
5000
10000
10000
A
A
A
A
GB9V
GB9V
DTE
5000
DT
2000
AB 120V
HB2V
3V
MA
120V
BP
G
P
V
B
A₁
A₂
A₃
E₁
E₂
E₃
S
GB HB

Abb. 118.

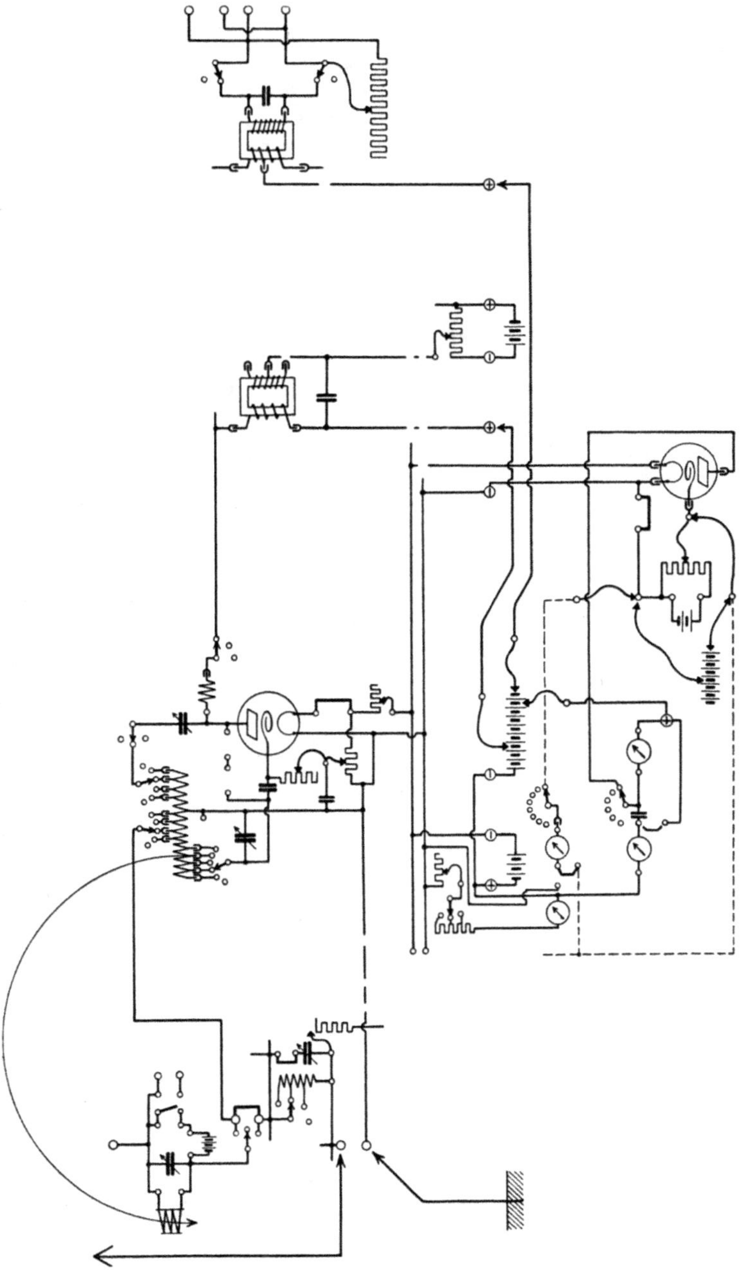

Abb. 119.

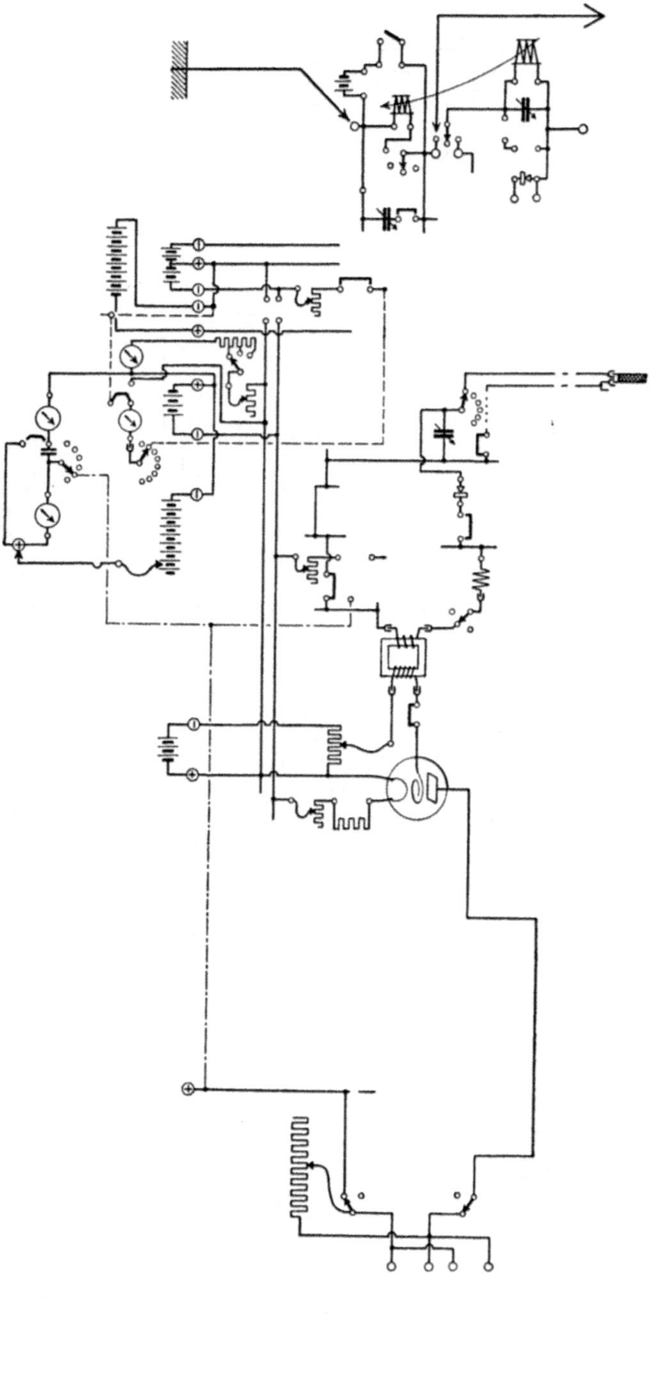

Abb. 120.

In die Heizleitung der *NF*-Röhre ist ein Zusatzwiderstand eingesteckt.

Abb. 120 zeigt folgendes: Abstimmkreis der *HF*-Röhre als Siebkreis in die Antenne geschaltet. Empfang ohne *HF*-Stufe. Audionempfang mit direkter Anschaltung des Gegentaktkraftverstärkers. Lautstärkemessung.

Meßkreis als Wellenmesser geschaltet und auf die Empfangsspule gekoppelt.

Die Meßinstrumente sind hier geschaltet zur Aufnahme der Anodenstromkennlinie einer Röhre.

Da diese Schaltung sich nur für fortgeschrittene Amateure eignet, so erübrigt es sich, weitere Details zu erklären, da der Fortgeschrittene bei einiger Aufmerksamkeit alle Möglichkeiten ohne weiteres herausfindet.

Konstruktiv gestaltete sich die Aufgabe zunächst etwas schwierig, mußten doch nicht nur die Kombinationen ineinander greifen, sondern auch die verwendeten Zubehörteile im Gerät Platz finden und dieses selbst allseitig geschlossen und nicht gar zu unhandlich sein.

Die beigegebenen Konstruktionszeichnungen erläutern besser als eine ausführliche Beschreibung den Bau.

Die allgemeine Anordnung ist wieder so getroffen, daß nach Lösen der Randbefestigungsschrauben sich die Frontplatte mit daran befestigter Grund- und Batterienschaltplatte mit der gesamten Schaltung aus dem Kasten entfernten läßt. Der Kasten und die Frontplatte wird von innen metallisiert (Kapazitätsschutz).

Die Kontaktknöpfe der Schalter und die Transformatorenzuleitungen erhalten innen Steckbuchsen aufgeschraubt bzw. angelötet. Die Abgriffe der Spulen und Transformatoren erhalten Bananenstecker mit denen sie an die Schalter bzw. Schaltleisten angesteckt werden. In der Abb. 121 finden wir die Anordnung der Leisten mit den Steckbuchsen für die Transformatoren. Ferner die lange an die Verbindungsstützen angeschraubte Leiste mit Steckbuchsen in Parallelschaltung, die zum Einstecken der *HW*-Spulen bei Wellenmessung dienen. Links sind noch zwei Steckbuchsenpaare sichtbar, von denen das hintere wieder für Wellenmesserzwecke und das vordere Paar zum Einstecken einer *HW*-Spule statt der Zylinderspule dient für den Empfangskreis der *HF*-Röhre.

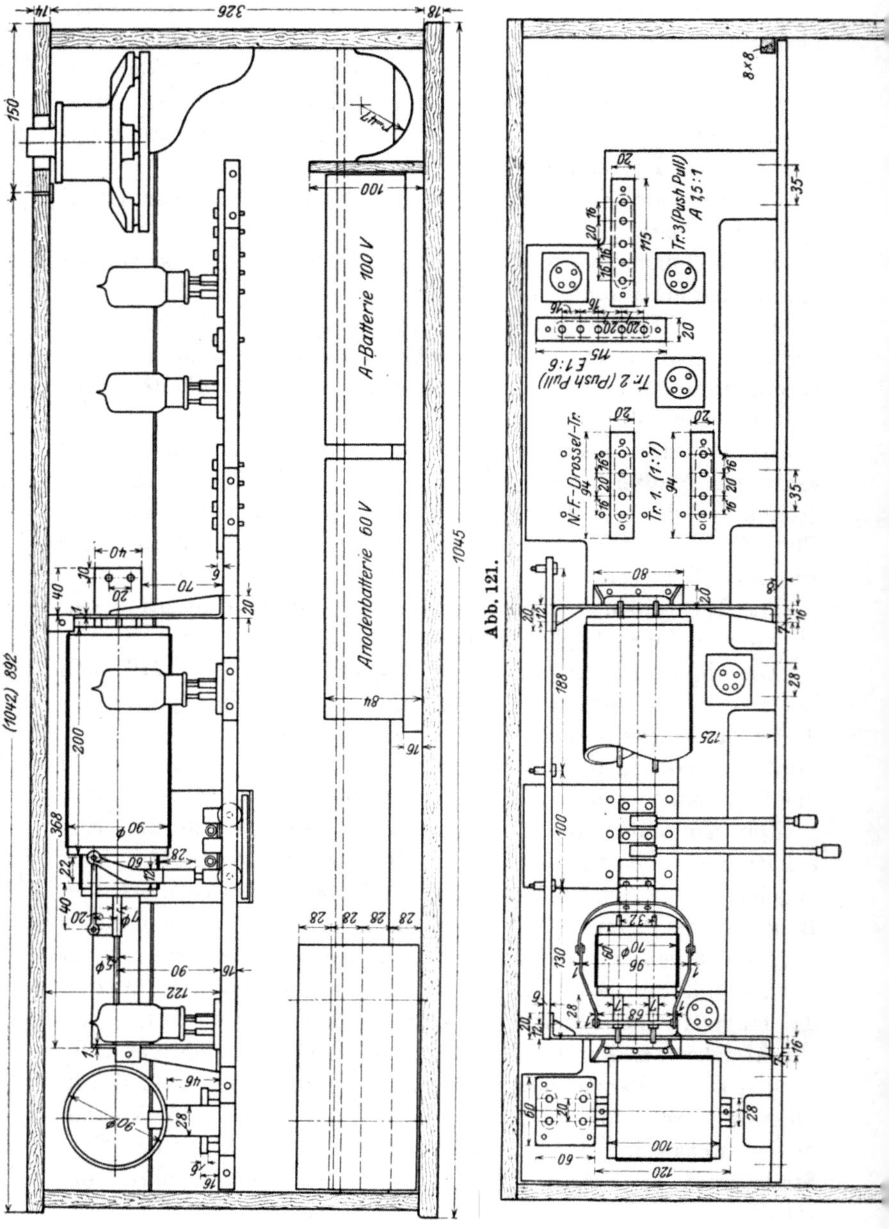
A-Batterie 100 V
Anodenbatterie 60 V
Tr. 3 (Push Pull) A 1,5:1
Tr. 2 (Push Pull) E 1:6
Tr. 1 (1:7)
N-F-Drossel-Tr.

Abb. 121.

Die Empfangsspule wird auf einen isolierten Pappkörper gewickelt D = 90 mm, l = 200 mm und bekommt die bekannten (Vierröhrenempfänger) beiden Deckel. Kupferdraht 0,5 mm einmal mit Baumwolle besponnen.

Die Abgriffe, beginnend von der Rückkopplungsseite, sind wie folgt: 0, 15, 30, 40, 50, 60, 70, 80, 90, 93, 94, 95, 96, 97, 98, 100, 102, 104, 106, 110, 120, 130, 145, 160, 180, 200 u. 225. Jeder dieser Abgriffe bekommt einen Bananenstecker. 0—80 geht zum Rückkopplungsschalter, 90 an Erde, 93—106 an den Antennenschalter und 110—225 an den Gitterkreisschalter.

Die Anodenkopplungsspule D = 70 mm, 1—60 mm, Kupferdraht 0,15 mm mit Lackisolation, sie erhält 260 Windungen und Abgriffe bei 0,10, 25, 50, 80, 110, 200 u. 260. 0 liegt an Anode der *HF*-Röhre, 10—260 am *HF*-Stufenschalter.

Als Abstimmspule für den *HF*-Kreis benutzen wir eine Zylinderspule D = 90 mm, $l = 100$ mm, Kupferdraht 0,5 mm einmal mit Baumwolle besponnen, mit 100 Windungen mit Abgriffen bei 0, 20, 30, 40, 50, 60, 70, 85, 100. 20—100 wird zum Stufenschalter *HS* geführt.

Die Koppeleinrichtung zwischen Anodenspule und Empfangsspule (s. Abb. 121, 122, 123, 124) wird hergestellt aus einem Doppelstecker, auf den eine Gabel aus Messingblech geschraubt ist. Diese Gabel wird in den Spulenkoppler gesteckt und ist dadurch verstellbar. Die Anodenspule ist mittels 2 durch ihre Deckel durchgehende Messingröhren verschiebbar auf den beiden Messinghaltestangen angebracht, die ihrerseits durch die Deckel der Empfangsspule gehen, diese tragen und in entsprechende Schlitze der beiden Verbindungsstützen gelegt sind. Die Festlegung dieser Messingstangen wird auf der rechten Seite durch 2 Muttern bewirkt.

Über die beiden Messingröhrchen der Anodenspule wird ein Steg aus Messingblech mit hochgebogenen Enden gelötet. Zwischen diesen Enden und der Gabel sind gekröpfte Blechstreifen als Mitnehmer angeordnet. Diese Mitnehmer müssen leichtgängig sein. Will man Honigwabenspulen benutzen, dann kann man diese ganze Einrichtung, Spulen und Koppelvorrichtung mit ein paar Handgriffen herausnehmen und in die halbrunden in Abb. 121 ganz rechts unten sichtbaren Aufbewahrungslager legen. Die Messingstangen werden herausgezogen und an anderer Stelle im Kasten aufbewahrt.

Die Verbindungsstützen werden aus 1—1,5 mm starkem Messingblech (oder 10 mm starkem Sperrholz) hergestellt und erhalten in den Winkeln Versteifungen aufgelötet (Abb. 124). Ihre Verbindung mit der Grund- und Frontplatte geschieht mit durchgehenden Messingschrauben und Muttern. Die Verbindung der Frontplatte mit der Grundplatte wird durch Messingholzschrauben mit Linsenkopf bewirkt.

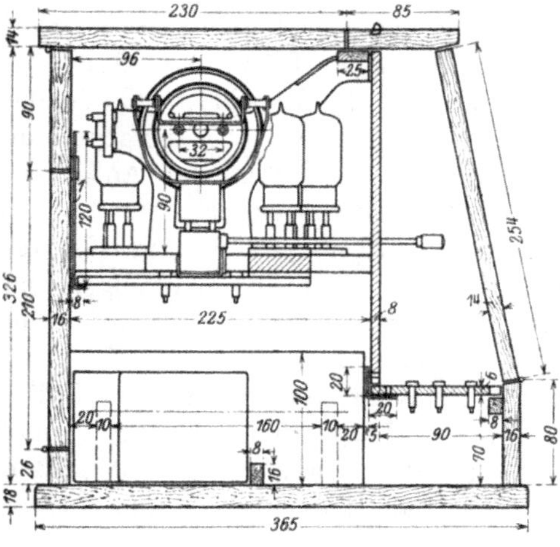

Abb. 123.

Die Montageplatte aus Hartgummi für den Spulenkoppler wird einerseits an die Grundplatte geschraubt und stützt sich andererseits auf eine kurze, an die hintere Kastenwand geschraubte Blechkonsole (Abb. 121 und Abb. 123).

Die Frontplatte wird mit der Schaltplatte durch 5—6 kleine Blechwinkel verschraubt (Abb. 123).

Bei der Anfertigung des Kastens ist zu beachten, daß der obere feste Deckelteil (Abb. 123 *D*) nicht mit den Kastenwänden verleimt, sondern auf diese aufgeschraubt werden muß, weil man sonst den Schaltungsteil des Apparates nicht herein oder heraus bekommt. Der Klappdeckel ist auf der rechten Seite geteilt. Der rechte Teil des Deckels dient gleichzeitig zum Festhalten des Lautsprechergehäuses. Die Maße des Kastens sind aus den Konstruktionszeichnungen zu entnehmen, ebenso die Maße der Grund-, Schalt- und Frontplatte.

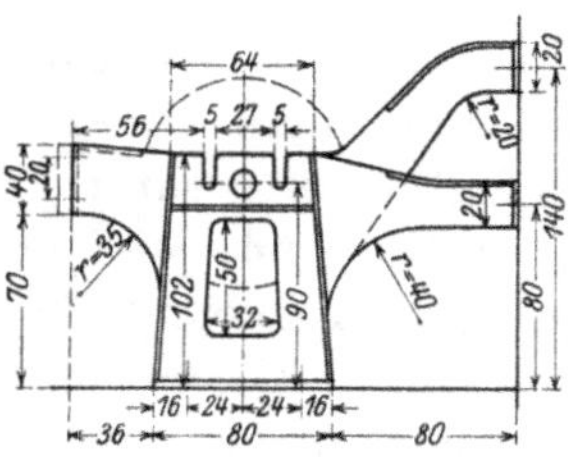

Abb. 124.

Die Anodenbatterien, 60 und 100 Volt, werden im Kasten unter der Grundplatte untergebracht. Die Gitterbatterien und

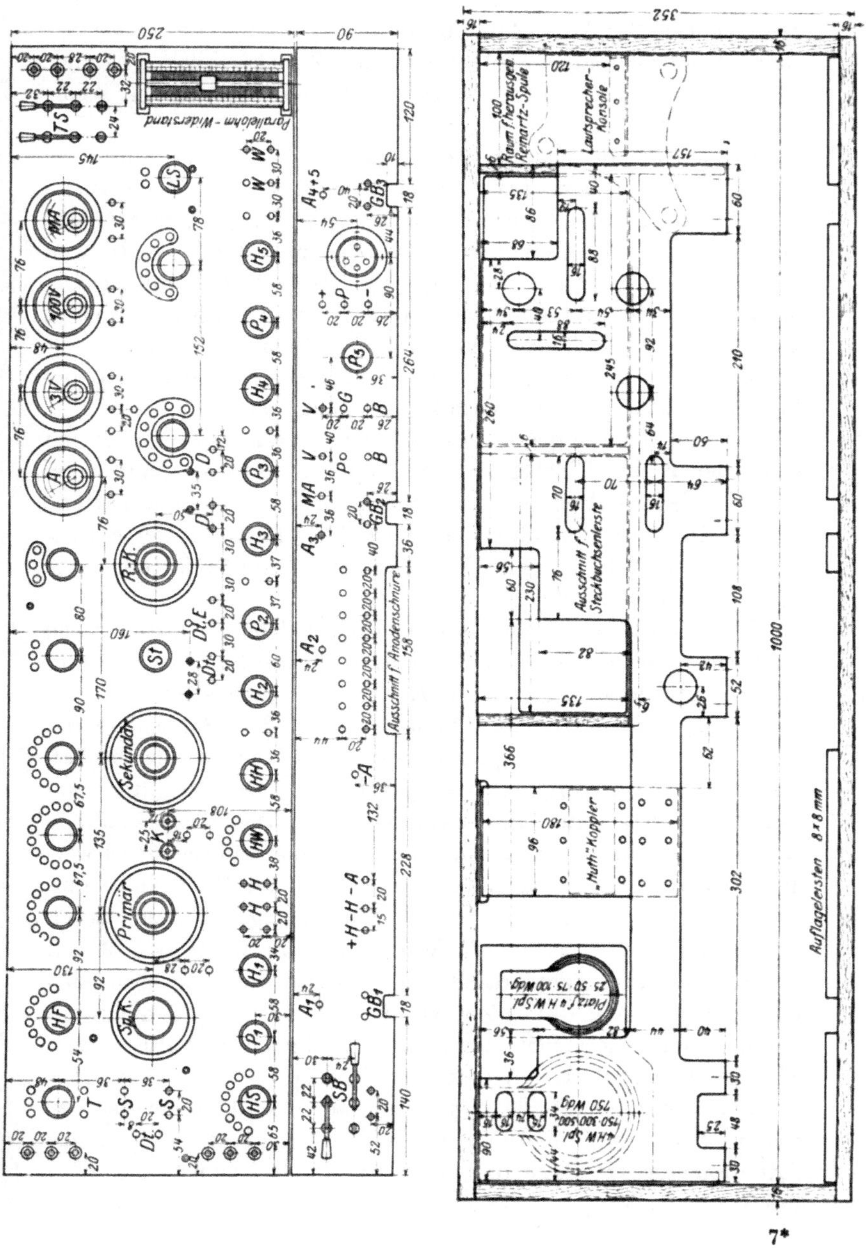
Parallelohm - Widerstand
Sekundär
Primär
Ausschnitt f. Anodenschnüre
Raum f. herausgen. Remartz-Spule
Lautsprecher-Konsole
Ausschnitt f. Steckbuchsenleiste
„Muth"-Koppler
Auflageleisten 8×8 mm

Abb. 125.

die nicht benutzten Honigwabenspulen werden in den links unter der Grundplatte (Abb. 125) sichtbaren Kästen aufbewahrt. Außerdem ist noch reichlich Platz für andere Zubehörteile vorhanden. Der Einbau eines Lautsprechers geht ebenfalls aus den Zeichnungen hervor.

Erklärung zur Frontplatte: Links oben die drei Antennenklemmen, unten drei Erdklemmen. In der oberen Reihe zuerst der Schalter für die Umschaltung des Meßkreises, daneben nacheinander die Stufenschalter für Anodenspule (*HF*), Gitterkreis (*GK*), Antenne (*A*), Rückkopplung (*RK*), Rückkopplungsumschaltung (*RU*) und *NF*-Umschaltung. Dann Ampere-, 6 Volt-, 160 Volt- und Milliamperemeter, 25 Milliampere. Zuletzt die beiden *NF*-Umschalter (doppelter Messerschalter) und 4 Telephonklemmen. Darunter die Parallelohmanordnung.

Die Steckbuchsenpaare links, die mit *T*, *DT* und *S* bezeichnet sind, dienen zum Einstecken des Telephons, Detektors und Summers, in den Meßkreis bzw. Abstimmkreis. Die Summerbatterie wird mittels des doppelten Messerschalters links auf der Schaltplatte, nach Belieben auf den Meßkreis (Sperrkreis) oder Abstimmkreis geschaltet.

In der mittleren Reihe ist zunächst der Kondensator für den Meßkreis (Sperrkreis), dann Primärkreis, Spulenkoppler, darunter das Steckbuchsenpaar für die Honigwabenspulenschaltung, der Sekundärkondensator, der Drehknopf für den Silitwiderstand (*ST*), der Rückkopplungskondensator, die Voltmeterumschaltung, die Milliamperemeterumschaltung und ein Schalter zum Ein- und Ausschalten des Lautsprechers. Die Kontaktknöpfe des Voltmeterumschalters und Milliamperemeterumschalters werden entweder mit genügendem Abstand in die Frontplatte eingelassen oder es wird, wie in der Zeichnung angegeben, ein Stück Hartgummiplatte, das die Stärke der Kontaktknöpfe besitzt, auf die Frontplatte aufgeschraubt und in diese dann die Kontaktknöpfe eingelassen. Würden wir die Kontaktknöpfe dicht zusammensetzen wie bisher, dann würden beim Überschalten Kurzschlüsse in den Batterien entstehen können.

In der unteren Reihe von links nach rechts ist zuerst der Stufenschalter für die Spule des *HF*-Abstimmkreises, dann das Potentiometer (P_1) für die erste Röhre, Heizwiderstand (H_1) und Steckbuchsenpaar für Zusatzwiderstand der ersten Röhre.

Die nächsten 2 Steckbuchsenpaare (H) dienen zum Trennen der beiden Hauptheizleitungen von der ersten Röhre (für strahlungssichere Schaltung). Dann der Stufenwiderstand, daneben der Hauptheizwiderstand (HH), Steckbuchsenpaar und Heizwiderstand (H_2) der Audionröhre, Potentiometer (P_2) für Gitterableitung, Steckbuchsenpaar und Heizwiderstand (H_3) der ersten NF-Röhre, Potentiometer (P_3) für die erste NF-Röhre, dann wieder Steckbuchsen und H_4 der zweiten NF-Röhre, Potentiometer (P_4) für die 2. und 3. NF-Röhre und Heizwiderstand (H_5) und Steckbuchsen der 3. NF-Röhre. Die beiden mit W bezeichneten Steckbuchsenpaare dienen zum Einstöpseln von Zusatzwiderständen für die Parallelohmanordnung.

Abb. 126.

Erklärung zur Schaltplatte: Die Schaltplatte zeigt von links nach rechts Messerschalter (SB) für Summerbatterie, darunter Steckbuchsen zum Verbinden von E_1 mit E_2 (Abb. 118), Ausschnitt für die Anschlußkabel der Gitterbatterie 1, darüber die zugehörigen Steckbuchsenanschlüsse und die Steckbuchse der Anodenleitung 1 (HF-Röhre). Weiter drei Buchsen für Heizung und Minusanode. Noch eine Minusanodenbuchse für die strahlsichere Schaltung. Dann 16 Buchsen, die mit der Plusseite der Anodenbatterie verbunden sind und zum Abgreifen von Anodenspannungen dienen. Darüber Anodenleitung 2. Es folgt Gitterbatterie 2, Anode 3 und Meßanodenbuchse für das Milliamperemeter (A in Abb. 118). Dann folgt die Einrichtung zur Aufnahme der Röhrenkennlinien bestehend aus einem Potentiometer (P_5) einem Sockel und mehreren Steckbuchsen. Die Bedeutung der Steckbuchsen ersieht man aus der Abb. 125. Zum Schluß kommt noch die Anode 4 und 5, die gemeinsam eine Steckbuchse haben, und die Gitterbatterie 3, welche gleichzeitig zur Aufnahme der Anodenstromkennlinie Verwendung finden kann.

Der Aufbau dieses Apparates ist, so kompliziert er auch aussieht, nicht schwierig, doch erfordert er sauberste Arbeit und vorheriges Durchdenken und restloses Verstehen des Schaltschemas. Die Gesamtkosten dieses Apparates belaufen sich auf annähernd

Abb. 127.

300.— Mk. Die Vorder- und Rückansicht des aufgebauten Apparates ohne Drahtverbindungen zeigen die Abb. 126/127.

Geeignete Röhren sind:

HF	*A*	1. *NF*	2. u. 3. *NF*
RE 144	*LE* 244	*RE* 144	*U* 550 Valvo 201 *A*
U 60	*U* 60 *VT* 107	*U* 60	*U* 550 Valvo 201 *AB*
RE 144	Valvo Oscillotron Valvo[1]) 201 *AB*	Valvo 201 *AB*	Valvo 201 *AB*

9. Empfänger mit *HF*-Verstärkung und Entkopplung[2].)

Nachfolgende 3 Empfänger weisen die Leithäuser-Entkopplung auf.

Die Empfänger besitzen eine so hohe Selektivität, daß z. B. der Ortssender auf etwa 10—15 Wellenmeter ausgekoppelt wer-

---

[1]) Größere Lautstärke erzielt man noch durch positive Gittervorspannung von 9—13 Volt. Doch nicht für Fernempfang geeignet.

[2]) Von mir im „Funk“, Jahrgang 1927 veröffentlicht.

den kann. Entfernte Stationen können meist einwandfrei getrennt werden, wenn sie nur 4—5 m auseinanderliegen.

Die Empfindlichkeit dieser Empfänger ist so hoch, daß die Leistung eines normalen Neutrodynempfängers mit 2 *HF*-Röhren meist übertroffen wird. Bei verschiedenen öffentlichen Vorführungen gelang es z. B., die Mehrzahl der europäischen Sender im Saallautsprecher zu Gehör zu bringen.

Es wurden z. B., während beide Berliner Sender arbeiteten, folgende Stationen vorgeführt: Breslau, Dortmund, Elberfeld, Frankfurt a. M., Hamburg, Leipzig, Münster, Stuttgart, Mailand, Rom, Prag, Oslo, Wien, Brünn, Toulouse und Bern; selbst die beiden letzten, die nur 5 m auseinanderlagen, waren einwandfrei zu trennen. Gewiß ein guter Beweis für die außerordentliche Selektivität dieses Gerätes.

Erreicht wird diese Selektivität durch die lose gekoppelte aperiodische Antenne und durch ebenfalls lose Kopplung zwischen Vor- und Audionröhre. Die Empfindlichkeit eines Leithäuser-Audions ist so hoch, daß mit ihm ohne Antenne und Erde der Ortssender empfangen werden kann; daraus ergab sich die Notwendigkeit, die Schaltung abzuschirmen, um die gegenseitige Beeinflussung der beiden Kreise und nach Möglichkeit das Eindringen von Störungen von außen zu vermeiden.

Da nun durch Benutzung der Vorröhre die Rückkopplung gering bleiben konnte, wurde es vorgezogen, nur den Hochfrequenzteil abzuschirmen. Soll jedoch der Apparat sehr nahe beim Ortssender Aufstellung finden, so tut man gut, auch das Audion und den eventuellen Niederfrequenzteil mit abzuschirmen. Die Abschirmung muß genügend weit von den im Gerät entstehenden magnetischen Feldern entfernt sein. Daraus ergibt sich ein ziemlich weitläufiger Aufbau.

Als bestes Material für die Abschirmung wurde nach mehreren Versuchen Kupferfolie erkannt. Im Gegensatz zu den bisher beschriebenen Empfängern, die mit Zylinderspulen versehen sind, arbeiten diese mit sog. verlustfreien Einsteckspulen.

Es ist auch möglich, streuungsfreie Spulen, also z. B. Toroid oder sog. Achterspulen zu verwenden; in diesem Falle kann die Abschirmung entbehrt werden. Die Versuche in dieser Richtung sind noch nicht abgeschlossen.

Um die Kondensatoren eichen zu können, wurden zum Zwecke

der Feineinstellung lange Bedienungsgriffe vorgesehen, die gleichzeitig die Handkapazität eliminierten.

Besonders hervorgehoben sei noch die leichte Bedienung. Ist nämlich die Abgleichung, die sehr einfach ist, einmal vorgenommen und der günstigste Kopplungsgrad festgestellt, dann sind lediglich zwei Knöpfe zur Einstellung zu bedienen. Selbst die Rückkopplung kann meist in einer bestimmten Stellung belassen werden.

Abb. 128.

Zunächst ein Zweiröhrenempfänger (Abb. 128): Das Schaltschema zeigt die Abb. 129. Der benötigte Kasten wird aus etwa 8 bis 10 mm starkem Sperrholz aufgebaut und erhält folgende Maße:

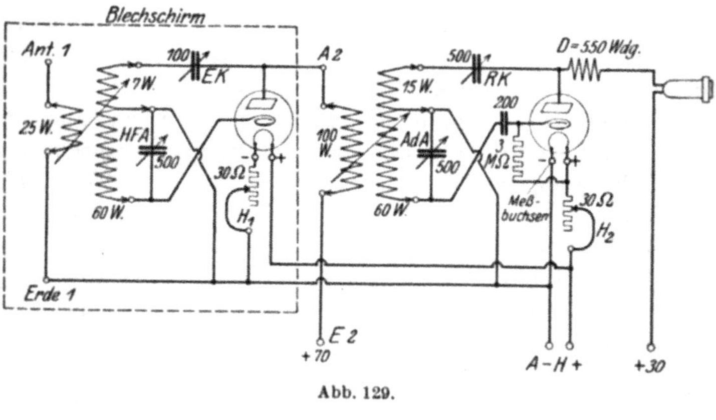

Abb. 129.

lichte Länge 400 mm,
lichte Breite 220 mm (Abb. 130): Kasten, Einsatz, Klemmplatte),
lichte Höhe 220 mm,
dazu ein Einsatz aus Grundplatte 388 × 218 mm und Zwischenwand 208 × 218 mm.

Der Hochfrequenzteil des Einsatzes und die dazugehörigen Teile des Kastens und Deckels werden nunmehr mit 0,15 mm Kupferfolie glatt ausgekleidet (Abb. 130 und 132). Der Einsatz muß so in den Kasten passen, daß sich die Kupferbleche unbedingt überall leitend berühren. Man läßt daher die Kanten der Bleche etwas überstehen und übereinandergreifen.

Die Schaltplatte wird nach Abb. 131 zugeschnitten und gebohrt; sodann der Hochfrequenzteil wieder mit Kupferfolie be-

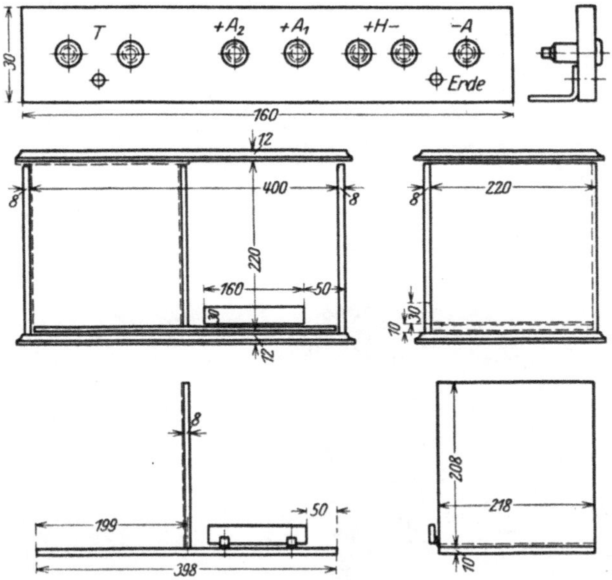

Abb. 130.

legt. Die Kupferfolie erhält ihren Halt durch die Antennenbuchse, den Heizwiderstand, die Drehkondensatoren und Boden und Zwischenwand des Einsatzes; in den Ecken werden die Folien an einigen Stellen verlötet. Man achte streng darauf, daß die durch die Schaltplatte gehenden Achsen die Kupferfolie keinesfalls berühren. Kurzschlüsse wären die Folge. Der Hochfrequenzabstimmungskondensator (*HFA*) wird direkt mit dem Körper auf die Kupferfolie gesetzt oder auf andere Weise leitend mit ihr verbunden, der Entkopplungskondensator (*EK*) und die Antennenbuchse jedoch mit Hartgummischeiben gut isoliert, ebenso die beiden Heizspannungsmeßbuchsen. Auch beim Lampensockel ist auf gute Isolation zu achten.

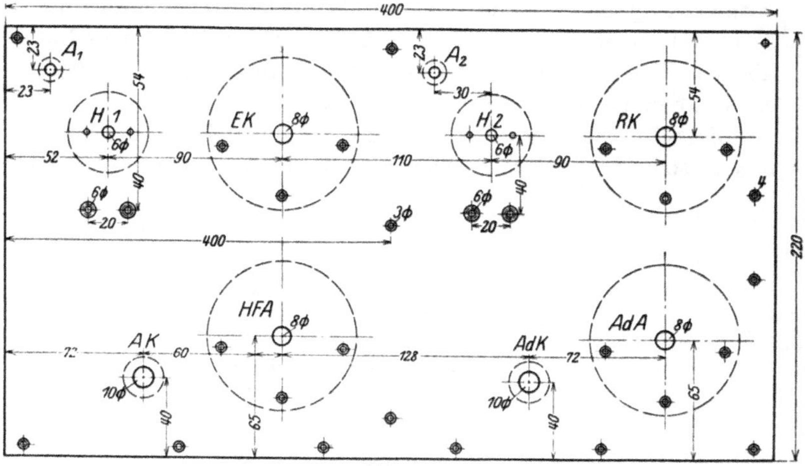

Abb. 131.

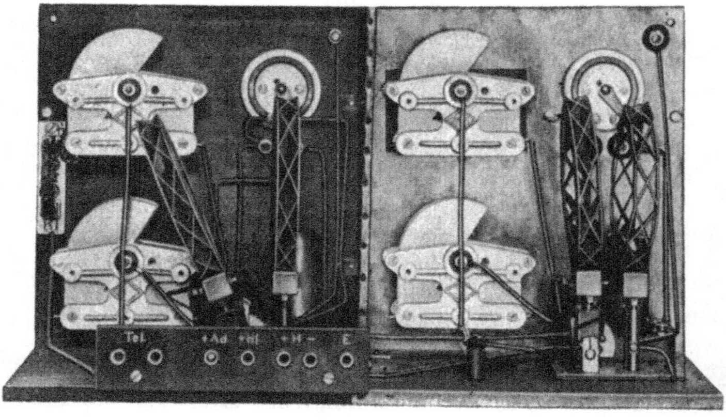

Abb. 132.

Die Lage der übrigen Teile, der Spulenkoppler und des Audionteils mit rückwärtiger Klemmenplatte, Drosselspule usw. geht zur Genüge aus den Abb. 132 bis 134 hervor.

Die benötigten Einzelteile sind:

3 Drehkondensatoren, je 500 cm (Leitmeyer od. Staßfurter),
1 Drehkondensator 100 cm,
2 zweiteilige Spulenkoppler (Fa. Grünstein, Berlin),

1 Drosselspulenhalter,
1 Hochohmwiderstand, 3 Megohm „Drawolid“,
1 Halter dazu,
1 Block „Dubilier“ 200 cm (Telefunken),
2 federnde Lampensockel „Langlotz“,
2 Heizwiderstände, je 30 Ohm,
11 Steckbuchsen,
2 Isolierringe,
2 Klemmen für die Antenne.

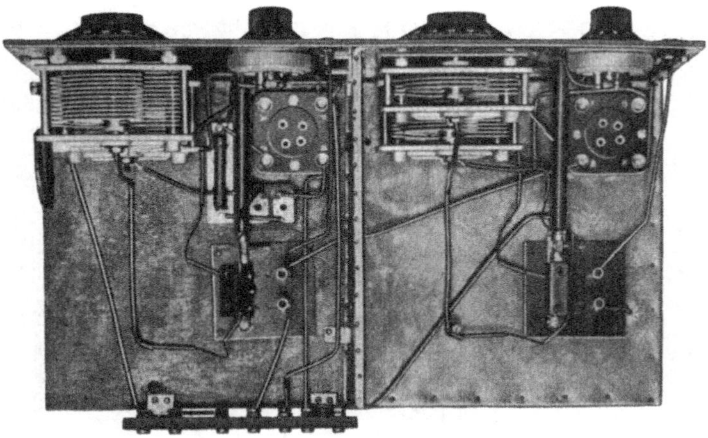

Abb. 133.

Die benötigten Spulen sind:

1	Korbspule	25	Wdg.	(Antenne),	Lüdke,	Berlin,
1	„	60/7	„	(*HF*-Gitterkreis),	„	„
1	„	100	„	(*HF*-Anode),	„	„
1	„	60/15	„	(Audion-Gitterspule),	„	„
1	Drosselspule	550	„	.		

Erprobt und als geeignet befunden wurden folgende Röhren: Ultra *U* 60, Valvo *H* und Oscillotron *B* für *HF*;
Valvo *N* für Audion mit etwa 15 bis 40 Volt Anodenspannung.

Zur Leitungsführung (Abb. 134) verwende man nur 1,5 mm versilberten Kupferdraht und verlege entweder offen oder, wie die Abbildungen zeigen, in Rüschrohr. Als Minusleitung benutzt man überall möglichst die Kupferfolie.

Die Spulen können fertig mit den vorgeschriebenen Abgriffen bezogen werden.

Die Kondensatoren versieht man zweckmäßig mit langen Einstellhebeln (Abb. 63) und verzichtet auf besondere Feineinstellung.

Das Gerät ist nunmehr fertig, und man prüft nochmals die Leitungsführung genau durch. Ist alles in Ordnung, schaltet man die Röhren ein, deren Heizspannung man an den Meßbuchsen prüfen kann, und legt dann erst die Anodenspannungen an.

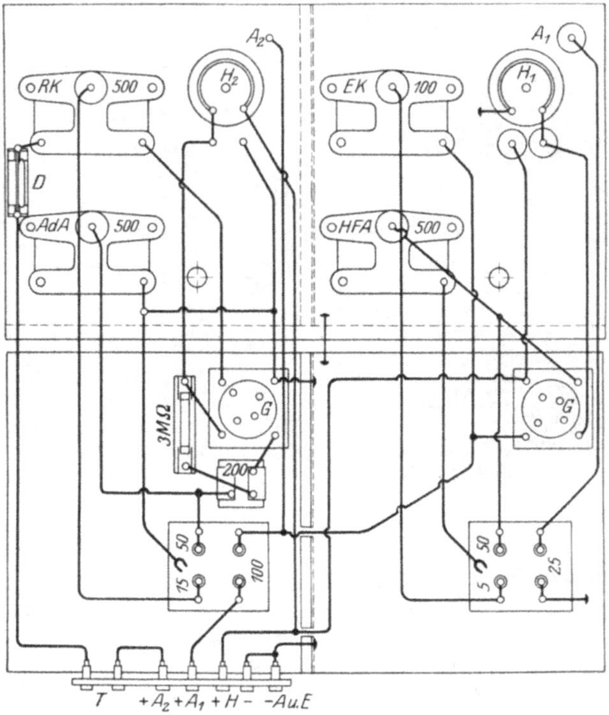

Abb. 134.

Jetzt sucht man den Ortssender und stellt ihn bestmöglichst ein, aber ohne Benutzung der Rückkopplung. Die Heizung der Vorröhre wird nun ausgeschaltet. Der Empfang bleibt, wird aber leiser. Er wird durch die Kapazität zwischen Gitter—Anode der kalten Hochfrequenzröhre dem Audiongitterkreis zugeführt; durch Drehen des Entkopplungskondensators (*EK*) wird die Kapazität Gitter—Anode neutralisiert; der Empfang verschwindet vollständig bzw. geht er auf ein deutliches Minimum zurück.

Sollte der Empfang nicht verschwinden, so pole man die Anodenspule der *HF*-Röhre um. Jetzt heizt man wieder normal und schreitet zum Fernempfang. Die Kopplungen mache man nicht zu fest, etwa so, wie es Abb. 132 zeigt. Sollte beim Fernempfang der Apparat, vielleicht bei kürzeren Wellen, ins Schwingen geraten, und bringt Herausdrehen des Rückkopplungskondensators keine Abhilfe, so gehe man mit dem Entkopplungskondensator noch ein paar Grade zurück; er kann dann meist dauernd in dieser neuen Stellung belassen werden.

Die Rückkopplung muß ganz weich und zart einsetzen; tut sie dies nicht, so gehe man mit der Anodenspannung der Audionröhre herunter. Mitunter finden sich allerdings auch Röhren, die auch dann noch einen sehr harten Schwingungseinsatz haben; diese sind dann als Audion ungeeignet.

Abb. 135.

Mit diesem Apparat ist auch Empfang ohne Vorröhre möglich. Zu diesem Zwecke ersetzt man die Anodenspule durch die Antennenspule, steckt die Antenne in die zweite Klemme (A_2) und die Erde in die Anodenbuchse ($+A_1$) der Hochfrequenzröhre.

Zur weiteren Verstärkung kann man einen beliebigen Niederfrequenzverstärker verwenden.

Die beiden folgenden Empfänger haben 2stufige *NF*-Verstärkung, und zwar der erste mit Transformatoren-, der zweite mit Drosselkopplung.

Das Gerät mit Transformatorenverstärker ist in den Abb. 135 bis 137 dargestellt. Abb. 138 gibt die Schaltskizze. Es ist so eingerichtet, daß man alle Röhren getrennt benutzen kann. Zu diesem Zwecke sind die Schalter A—E_2 und 3—2—1 vorgesehen. Stellung E_2 schaltet die Anodenspule an Erde (beim Empfang ohne Vorröhre), hierzu Antenne A_2. Der andere Schalter dient zum wahlweisen Einschalten des Audions allein oder von einer und zwei Röhren Niederfrequenz. Hinter dem Audion findet sich noch ein Steckbuchsenpaar (T_1), das für gewöhnlich durch einen Stecker überbrückt wird. Es dient zum Einschalten eines Kopfhörers hinter dem Audion bei Lautsprecherempfang.

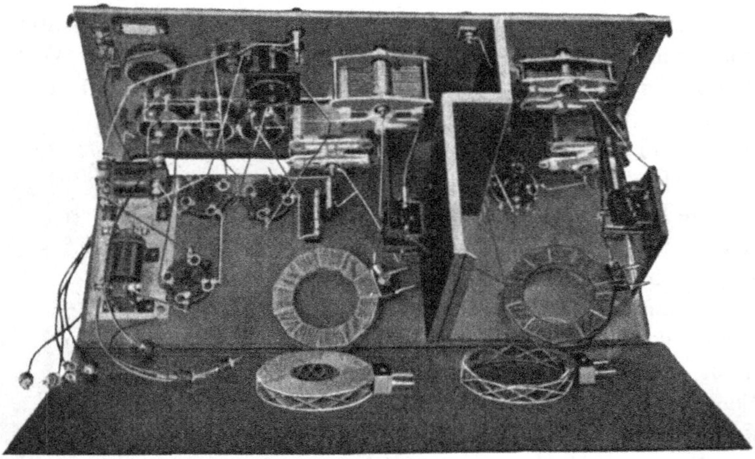

Abb. 136.

Abb. 137.

Die Anodenbatterie findet unmittelbar unter dem Kasteneinsatz Aufstellung, die Zuleitungen werden ohne Anschlußklemmen, durch Ausschnitte im Einsatz, unmittelbar zur Batterie geführt.

Die Heizbatterie ist im Schränkchen untergebracht; ihre Zuleitungen führt man zweckmäßig auch durch Löcher im Kastenboden unmittelbar an die Rückseite der Heizklemmen. Zum bequemen Bedienen der Heizung ist ein gemeinsamer Heizwiderstand von 6 Ohm vorgesehen, der die Heizung abschaltet und gleichzeitig eine gewisse Feinregulierung gestattet.

Die Feineinstellung der Drehkondensatoren wird durch Drehen eines Einsteckstabes mit Gummiknopf vorgenommen. Zu diesem Zwecke ist neben jedem Kondensatorknopf eine Steckbuchse eingelassen.

Des beschränkten Raumes wegen ist die Zwischenwand

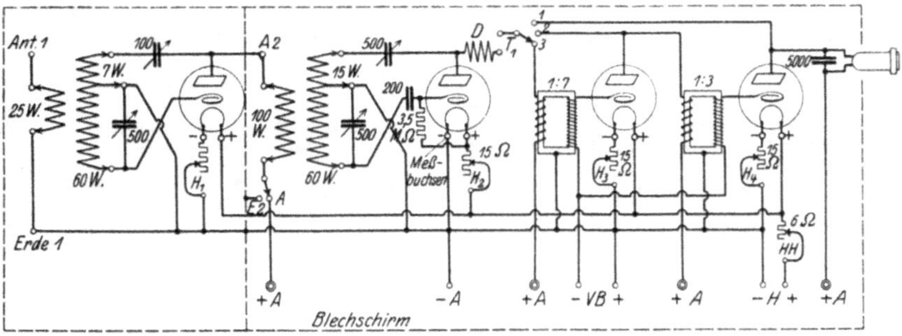

Abb. 138.

(Abb. 136) abgeknickt, und die Spulen sind horizontal angeordnet.

Den Kasten bauen wir nach Abb. 139. Diesmal ist der ganze Kasten innen abgeschirmt und auch die ganze Schaltplatte, deren Bohrplan Abb. 140 angibt. An der Stelle des Rückkopplungskondensators muß jedoch ein großer Ausschnitt im Schirmblech gemacht werden; es gibt sonst unliebsame Kopplungen. Die Niederfrequenztransformatoren werden auf ein gemeinsames geerdetes Blech gesetzt.

Die Drahtführung, die aus 1,5 mm versilbertem Draht, ohne Benutzung von Rüschrohr, vorgenommen wird, geht aus Abb. 141 hervor. Auch hier wird nach Möglichkeit für die Minusleitungen das Schirmblech benutzt.

Außer den für das frühere Gerät benötigten Teilen brauchen wir für diesen Empfänger noch:

2 federnde Röhrensockel,
2 Schalter, Schleifer, mit 5 Kontaktknöpfen,
2 Heizwiderstände, je 30 Ohm,
1 Heizwiderstand, 6 Ohm,

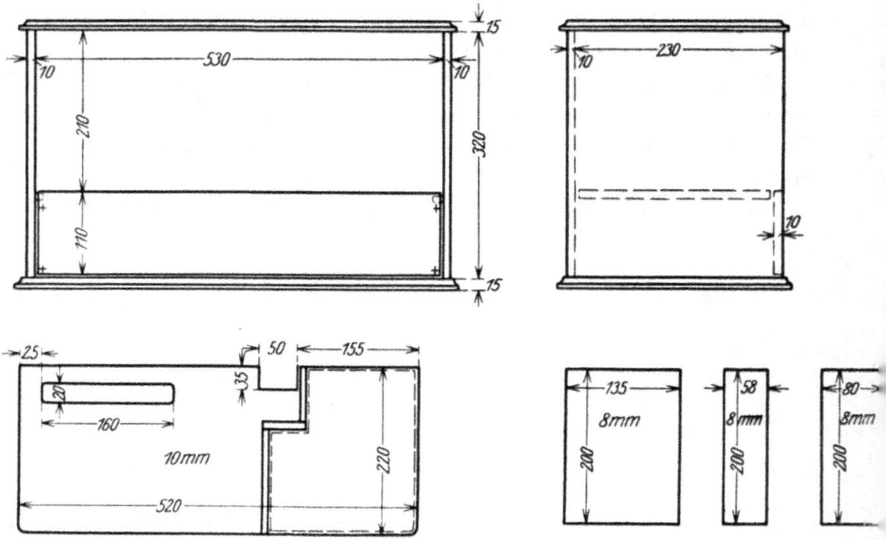

Abb. 139.

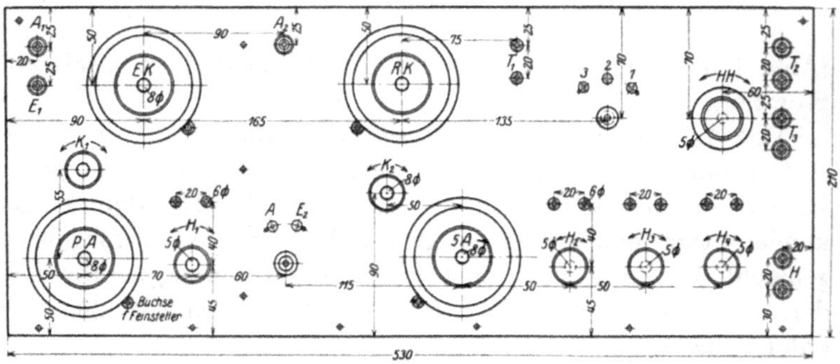

Abb. 140.

6 Klemmen,
20 Isolierringe,
8 Anodenstecker,
1 Niederfrequenztransformator (Körting 1 : 7),
1 Niederfrequenztransformator (Körting 1 : 3),
1 Blockkondensator 5000—10000 cm.

Die benötigte Drossel hat hier einen Aufbau nach Abb. 60; sie hat zwei Stecker erhalten, in Abb. 136, links neben dem Drehkondensator sichtbar.

Ferner benötigt man für die Niederfrequenzstufen:

1 Röhre Valvo *N* mit 90—100 Volt Anoden- und 3 Volt Gittervorspannung,

1 Röhre Valvo 201 *B* mit 90—100 Volt Anoden- und 9 Volt Gittervorspannung,

1 Vorspannbatterie 9 Volt, einzeilig.

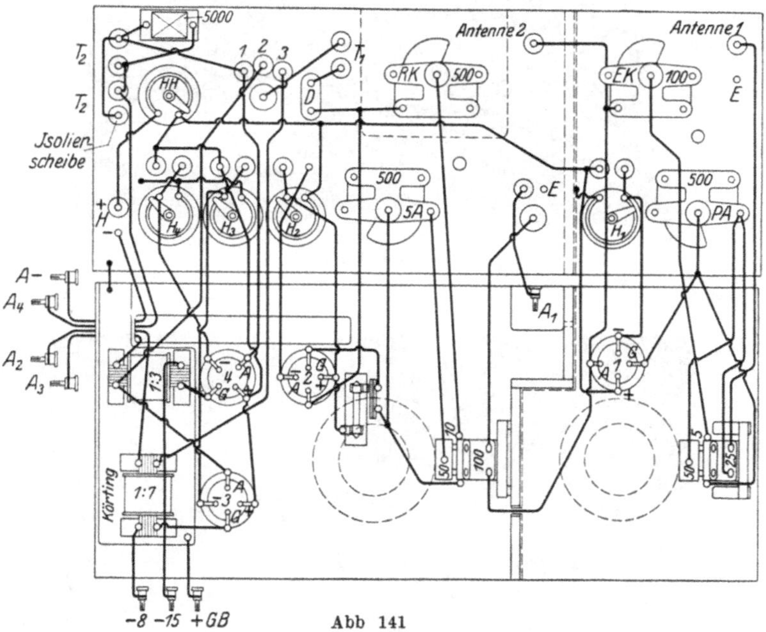

Abb 141

Die Einstellung und Neutralisierung ist die gleiche wie beim Zweiröhrengerät.

Der Empfänger brachte in Berlin, an eine Zimmerantenne angeschlossen, während der Sendezeit den größten Teil der europäischen Sender im Lautsprecher.

Für jene Bastler, die gern Meßinstrumente einbauen, ist der folgende Vierröhrenempfänger (Abb. 142 bis 144) mit Drosselverstärkung gedacht. Außerdem erspart die Drosselverstärkung die Vorspannbatterie.

Abb. 142.

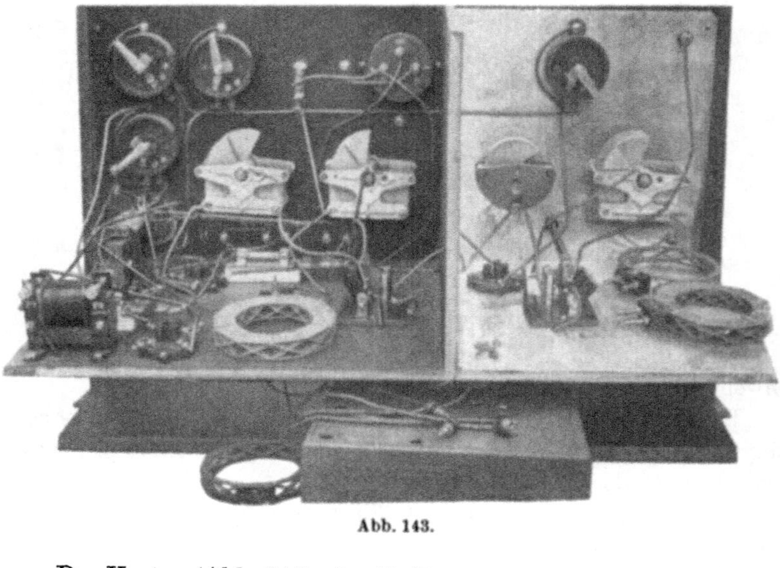

Abb. 143.

Der Kasten (Abb. 145), der die Form des zuerst beschriebenen hat, ist etwas größer; er hat folgende Maße:

Lichte Länge 600 mm,
lichte Breite 250 mm,
lichte Höhe 377 mm.
Die Schaltplatte (Abb. 146) ist 600/256 groß und 6 mm stark.

Folgende Einzelteile wurden verwendet:
3 Drehkondensatoren, je 500 cm,
1 Drehkondensator 100 cm,
4 federnde Sockel,
3 Heizwiderstände, feinregelnd, 50 Ohm,
1 Heizwiderstand 6 Ohm,
2 zweiteilige Spulenkoppler,

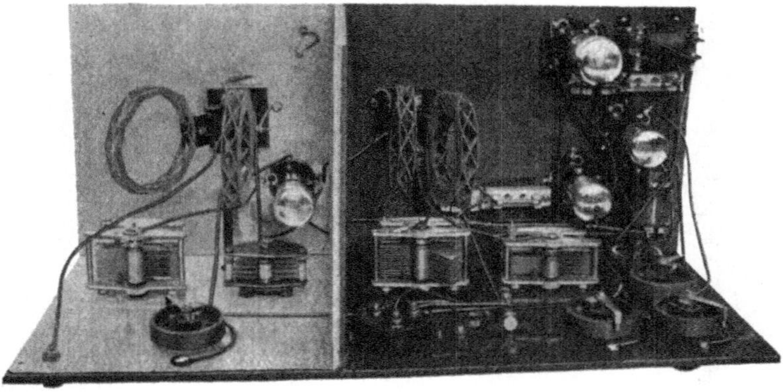

Abb. 144.

1 4 Volt-Glühbirne mit Fassung (Kontrollampe),
1 Voltmeter mit zwei Meßbereichen 6/120 Volt, Gossen, Erlangen,
1 Spulensatz (4 Stück), Lüdke,
1 Drosselspule, 550 Windungen,
1 Block „Dubilier" 200 cm,
1 Block „Dubilier" 2000 cm,
2 Hochohmwiderstände 3 u. 1 Megohm, mit Halter,
1 Niederfrequenztransformator (1 : 7), Körting,
1 Niederfrequenztransformator (1 : 3) als Drossel, Körting,
5 Anodenstecker,
2 Klemmen,
14 Steckbuchsen,
2 Einstellhebel,
versilberter Schaltdraht und Rüschrohr.

Der Hochfrequenzteil ist allein geschirmt; der Aufbau entspricht dem beschriebenen Vierröhrenempfänger; die Schalter sind fortgelassen, dafür die einzelnen Stufen mit Telephonbuchsen versehen. Das Glühlämpchen zeigt jederzeit an, ob der Empfänger eingeschaltet ist. Sämtliche Plus-Anodenpole sind mit 1 *MF*-Kondensatoren gegen Minus überbrückt, ebenso ist in die Leitung

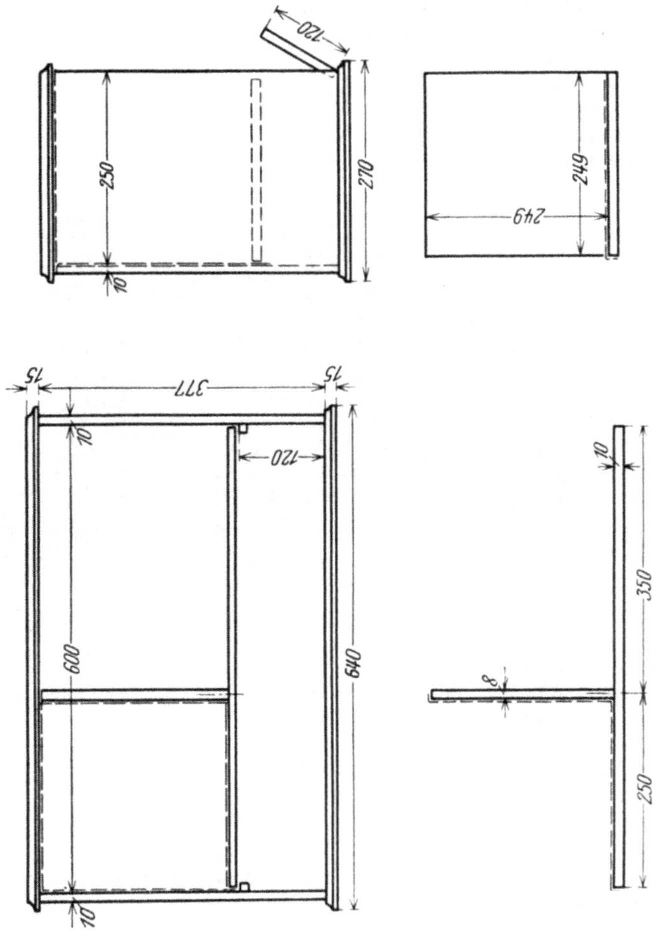

zur Erdklemme ein geprüfter 1 μF-Blockkondensator eingebaut, weil dieser Empfänger bei unseren Vorführungen mit Netzanschlußgerät arbeiten sollte. Vorgeführt wurde er mit einem selbstgebauten und mit dem Körtingschen Wechselstrom-Anschlußgerät, und hiermit war ausgezeichneter Fernempfang zu erzielen.

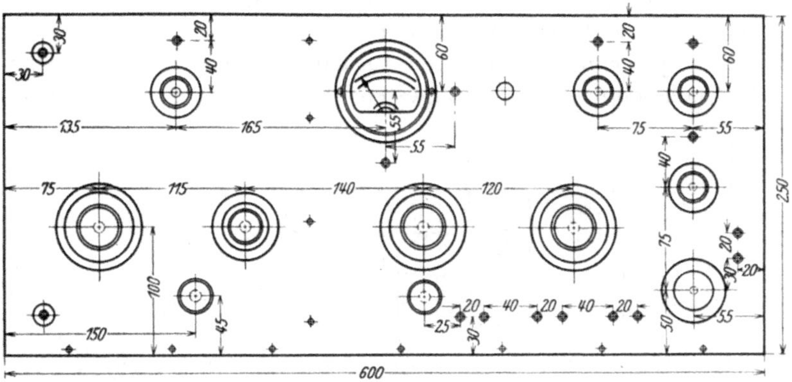

Abb. 146.

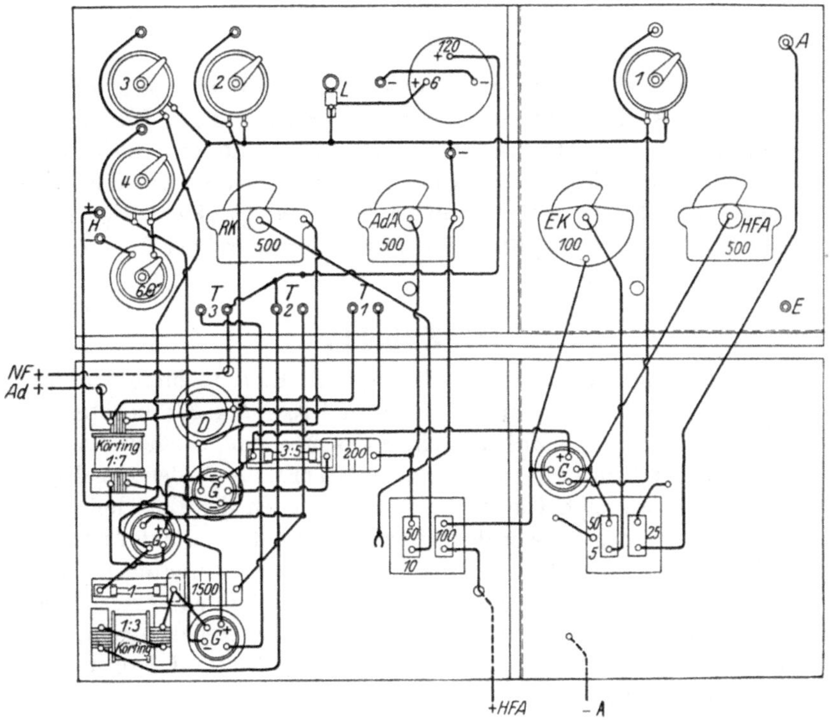

Abb. 147.

Der Empfang war sogar bedeutend besser als mit guter Anodenbatterie oder Anodenakkumulator.

Entsprechend den größeren Ausmaßen dieses Empfängers sind die Spulenkoppler normal aufgestellt (Abb. 144), auch ist genügend

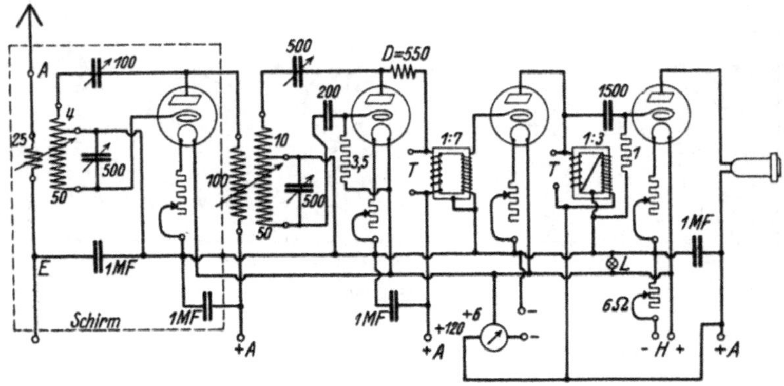

Abb. 148.

Platz vorhanden, um große Spulen mit 200 Wdg. aufsetzen zu können. Es wird dann etwa die Welle 2000 m erreicht. Die Drahtführung, die aus Abb. 147 hervorgeht, wird wild und vollständig in Rüschrohr verlegt. Das vollständige Schaltschema zeigt Abb. 147, während Abb. 148 das prinzipielle Schema zeigt. Es werden dieselben Röhren benutzt wie beim vorigen Gerät, und der Empfänger leistet auch das gleiche.

III. Zubehör.

Dem Anfänger auf dem Gebiete der Radiotechnik wird es meist sehr schwer fallen, die Güte und Eignung der benötigten Schaltelemente und Zubehörteile zu beurteilen. Namentlich die nicht in der Großstadt ansässigen Amateure, die in der Regel gezwungen sind, nach Katalogen und Preislisten die Einzelteile zu beziehen, werden es begrüßen, wenn ich Richtlinien zur Auswahl gebe und Ihnen die Lieferfirmen, mit deren Fabrikaten ich zufrieden war, namhaft mache. Alle nachstehend aufgeführten Teile sind von mir im täglichen Gebrauch in vielen Schaltungen, und seit vielen Monaten genau ausprobiert worden und haben sich bis heute gut bewährt. Das Basteln wird ja eigentlich nur deshalb so kostspielig, weil aus Nichtkenntnis viel Ungeeignetes angeschafft wird, das dann entweder schnell unbrauchbar wird oder nutzlos herumliegt.

Die Zubehörteile sind in alphabetischer Ordnung besprochen, um nachträgliches Aufsuchen und Nachlesen zu erleichtern.

1. Akkumulatoren.

Einer der wichtigsten Zubehörteile ist die Stromquelle für die Röhrenheizung. Die normalen Röhren erfordern Heizspannungen zwischen 1,1 und 2,5 Volt, in besonderen Fällen 3—5,5 Volt, und Stromstärken zwischen 0,045 und 0,25, in besonderen Fällen 0,5 Ampere. In den meisten Fällen wird der Betrieb auch nicht allzu regelmäßig sein, d. h. er beschränkt sich immer nur auf ca. 2—3 Std. am Tage und erleidet auch unter Umständen tage- und wochenlange Unterbrechungen. Das Aufladen der Batterien bedingt eine meist unerwünschte Betriebsunterbrechung, sodaß man in der Regel danach strebt, eine Heizbatterie zu besitzen, die recht lange aushält. Als Stromquelle für unsere Zwecke kommt daher in der Regel der Bleiakkumulator in Frage. Doch muß der Akkumulator für diese Zwecke besonders konstruiert sein. Sog. Autobatterien sind z. B. nicht brauchbar, weil diese nur für große Stromabgabe nund kontinuierliches Wiederaufladen gebaut sind. Eine Autobatterie verdirbt, wenn sie, auch bei Nichtgebrauch, länger als 1½ Monat steht ohne aufgeladen zu werden, durch Sulfatisieren der Platten.

Die Akkumulatorenfirmen haben daher für die Zwecke der Röhrenheizung einen besonderen Typ geschaffen: die Batterien mit sog. Masseplatten. Diese Batterien sind für verhältnismäßig geringen Entladestrom gebaut, können dafür aber bis zu 6 Monaten ununterbrochen im Betrieb bleiben ohne daß man ein Verderben (Sulfatisieren) der Platten befürchten müßte.

Eine weitere angenehme Eigenschaft zeigen diese Batterien dadurch, daß ihre Kapazität, die von der Fabrik unter Zugrundelegung einer 10-stündigen Entladezeit angegeben wird, um so mehr steigt je geringer die entnommene Stromstärke ist. Eine Batterie, die bei 10-stündiger Entladung mit 4 Ampere eine Kapazität von $4 \cdot 10 = 40$ Amperestunden (Ah) hat, wird z. B. bei Entladung mit 0,25 Ampere nicht $40 \cdot 0{,}25$ gleich 160 Stunden aushalten, sondern beinahe das Doppelte, etwa 300 Stunden. Es ist also vorteilhaft eine Batterie mit möglichst hoher Kapazität zu wählen. Haben wir z. B. den Zweiröhrenapparat Abb. 69 und betreiben ihn mit den Röhren *LE* 244, 1,4 Volt, 0,09 Ampere, und *RE* 95, 0,25 Ampere, 1,1 Volt, so benötigen wir also 0,09 + 0,25 gleich 0,34 Ampere pro Stunde. Wollen wir den Apparat einen Monat lang ohne Laden der Batterie betreiben, bei täglich 4 stündiger Benutzung, so müssen wir eine Batterie wählen, die 0,34 Ampere · 4 Stunden · 31 Tage gleich 40,8 Amperestunden bei einer Spannung von 2 Volt besitzt. Es wäre also z. B. die Type „Luo" 5 *OG* zu nehmen, die aber, da sie nur mit 0,34 Ampere belastet wird, mindestens $1^3/_4$ oder 2 Monate mit einmaliger voller Aufladung aushält. Der Kauf von Akkumulatoren ist Vertrauenssache, da dem Amateur kein Mittel zur Verfügüng steht, die Gebrauchsfähigkeit zu prüfen. Ein gutes Fabrikat hält bei guter Behandlung mindestens 40 Ladungen und Entladungen aus.

Abb. 149.

Nachstehend führe ich eine Tabelle der Firma Limann & Oberlaender, Berlin N, Wöhlertstr. 12, auf, deren Fabrikate (Abb. 149) ich seit Jahr und Tag in Benutzung habe.

Bei Gebrauch von Akkumulatoren ist darauf zu achten, daß die Säure richtige Dichte hat und die Platten mindestens 1 cm hoch überdeckt. An den Polklemmen darf kein Oxyd sein; es empfiehlt sich öfteres Einfetten mit Vaseline. Übergekochte Säure ist sorgfältig zu entfernen. Ausgelaufene Säure zerstört rettungslos jeden Stoff, Decken, Teppiche usw. Also: Zellen gut mit Gummipfropfen mit Entlüfter verschließen und Aufstellung so treffen, daß ein Umwerfen ausgeschlossen ist. Eine Akkumulatorzelle muß eine Stunde nach beendeter Ladung 2,2 Volt zeigen. Während des Gebrauchs fällt die Spannung bald auf 2 Volt, wo sie längere Zeit verharrt. Sodann fällt sie rasch ab und

Tabelle.

Preisliste Nr.	Type	Spannung Volt	Kapazität in Amp.-Stdn.[1]) a	b	Maxim. Lade- und Entlade-Strom	Außenmaße der Elementgefäße bzw. des Batteriekastens ohne Klemmen und Beschläge lang	breit	hoch	Gewicht ca. kg der Elemente bzw. Batterien ohne Säure	der Säure
					Einzel-Elemente					
501	3 AG	2	8,5	3,5	0,35	50	72	112	0,82	0,18
504	3 JG	2	27	12	1,2	53	123	176	1,90	0,52
505	5 JG	2	54	24	2,4	83	123	176	3,15	0,92
508	5 OG	2	93	40	4,0	101	120	224	3,85	1,0
509	7 OX	2	140	60	6,0	142	121	224	5,70	1,4
					Doppel-Elemente					
520	3 A 2 G	4	8,5	3,5	0,35	95	72	112	1,6	0,36
521	3 J 2 G	4	27	12	1,2	100	123	176	3,7	1,04
					Batterien					
571	3 AG 2	4	8,5	3,5	0,35	128	98	160	2,2	0,36
575	3 JG 2	4	27	12	1,2	139	152	234	5,0	1,04
576	3 JG 3	6	27	12	1,2	194	152	234	7,0	1,56
583	5 JG 2	4	54	24	2,4	199	152	234	7,9	1,84
584	5 JG 3	6	54	24	2,4	284	152	234	11,6	2,76
591	5 OG 2	4	93	40	4,0	234	149	284	9,2	2,2
592	5 OG 3	6	93	40	4,0	339	149	284	14,5	3,3
595	7 OG 2	4	140	60	6,0	316	149	284	14,0	2,8
599	9 OG 2	4	185	80	8,0	420	172	292	19,0	3,6

die Aufladung muß vorgenommen werden, wenn bei brennenden Röhren die Spannung unter 1,8 Volt sinkt. Ein weiteres Entladen schädigt stark die Platten. Das Aufladen lasse man nur bei wirklich zuverlässigen Geschäften besorgen, da es kein sicheres Mittel gibt, den Ladezustand einer Batterie zu prüfen.

2. Anodenbatterien, Heizbatterien, Vorspannbatterien.

Zur Speisung der Anoden, für negative Gittervorspannung und für Sonderzwecke z. B. für den Reiseempfänger zur Röhrenheizung, werden Trockenbatterien benutzt, die je nach Zweck verschiedenen Bedingungen genügen müssen.

---

[1]) Die unter a angegebene Kapazität bezieht sich auf ununterbrochene Entladung mit $1/_{20}$ der maximalen Entladestromstärke, die unter b angegebene auf ununterbrochene 10-stündige Entladung mit der maximalen Entladestromstärke. Mit der unter a angegebenen Kapazität kann auch annähernd gerechnet werden, wenn mit höherer Stromstärke entladen wird, sofern zwischen den einzelnen Stromentnahmen ausreichende Ruhepausen liegen.

Alle Trockenbatterien müssen eine möglichst große Lagerfähigkeit haben und möglichst geringen inneren Widerstand. Bei den Anodenbatterien sind für die Güte diese beiden Punkte ausschlaggebend, da in den allermeisten Fällen die Strombelastung unter 10 Milliampere bleibt, also praktisch fast keine Rolle spielt. Ferner muß gefordert werden, besonders bei Heizbatterien, möglichst große Konstanz während des Betriebes und die Fähigkeit sich rasch und vollständig in den Ruhepausen zu erholen. Anoden und Vorspannbatterien müssen abgreifbar sein; diese von 1,5 zu 1,5 Volt, jene von 4,5 zu 4,5 Volt. Die gebräuchlichen Spannungen sind 60, 90 u. 100 Volt.

Ein ausgezeichnetes Fabrikat liefert die „Titania", Batterie- und Elementefabrik, Berlin, Urbanstr. 116. Ich hatte z. B. 5 Monate eine „Titania"-Anodenbatterie, 100 Volt, in Betrieb, die dann noch keinen nennenswerten Spannungsabfall zeigte. Diese Firma liefert auch Anodenbatterien bei denen die ersten neun Volt von 1,5 zu 1,5 unterteilt sind zum Zwecke der Vorspannungsabnahme. Dieselbe Firma liefert auf Bestellung Anoden und Heizbatterien für Sonderzwecke (Reiseempfänger) nach Wunsch in jeder Voltzahl und kosten diese Batterien etwa 11 Pf. pro Volt.

Anoden und Heizbatterien sind möglichst kühl und vor Sonnenbestrahlung geschützt aufzustellen. Bei warmem Aufstellungsort vermindert sich die Haltbarkeit um mehr als die Hälfte.

Auch der Kauf von Anodenbatterien ist Vertrauenssache und die billigsten sind nie die besten. Eine schlechte Anodenbatterie beeinträchtigt den Empfang durch alle möglichen Geräusche. Beim Kauf lasse man sich unter allen Umständen die Spannung der Batterie vormessen. Das Alter einer Trockenbatterie ist festzustellen aus einer in verschiedener Form aufgedruckten Zahl; z. B. 1825 oder 18.25, würde heißen, daß die Batterie in der 18. Woche des Jahres 1925 hergestellt wurde. Man verweigere also die Annahme von über 6 Wochen alten Batterien.

3. Heizwiderstände.

Bei Auswahl der Heizwiderstände achte man darauf, daß der Widerstandsdraht nicht zu dünn ist, er verschiebt sich sonst leicht bei Erwärmung. Auch müssen die Windungen ziemlich dicht zusammen liegen. Der Schleifer muß aus Messing sein und gut, aber nicht zu fest federnd mit der Fläche über die Windungen streichen. Eine stabile gute Ausführung der Firma Reinhardt & Co. zeigt Abb. 150/151.

Abb. 150.

Abb. 151.

4. Klemmen.

Klemmen müssen einen Gewindeteil nicht unter 3 mm Durchmesser, sowie ein genügend großes Loch zur Aufnahme von Drähten besitzen. Gleichzeitig müssen sie zur Aufnahme von Bananensteckern eingerichtet sein. Die Kordelmutter aus Hartgummi muß mit einem Messinggewindeeinsatz versehen sein.

5. Kopfhörer.

Ein guter Kopfhörer muß folgende Bedingungen erfüllen: Höchste Empfindlichkeit und Klangreinheit, Tonschönheit, bequemer, verstellbarer Sitz, allerbeste Magnete (wovon die Lebensdauer abhängig ist), genügend große Ohrmuscheln und leichte Einstellbarkeit oder absolute Unverstellbarkeit. Nachstehend seien 3 bewährte Fabrikate genannt:

Abb. 152.

1. Der Dr. Nesper-Hörer der Birgfeld A.-G., Berlin. Er besitzt Feineinstellung und stellt die sog. schwere Ausführungsform dar.

2. Der Blaupunktkopfhörer (Abb. 152) der Radiotelephonie A.-G., Berlin SW 48, Friedrichstr. 139. Er ist unverstellbar, die Ausführung mittelleicht. Sehr empfindlich, tonrein und angenehm zu tragen. Er besitzt große Ohrmuscheln.

3. Der Telefunkenhörer. Die Ohrmuscheln sind kleiner, die Ausführung sehr leicht. Der Hörer ist sehr lautstark und besonders gut geeignet für Reiseempfänger.

Eine einfache Prüfung nimmt man folgendermaßen vor. Man setzt den Hörer auf; mit 2 Fingern der einen Hand ergreift man den einen Schnurstecker; berührt man nun mit dem anderen Stecker einen an der Hand befindlichen silbernen oder goldenen Ring, so muß im Hörer deutlich ein knisterndes oder knackendes Geräusch zu hören sein. Man prüfe die Hörmuscheln einzeln. Kopfhörer müssen behutsam behandelt werden, kein hartes Auflegen auf den Tisch usw. Nicht Fachkundigen ist unbedingt davon abzuraten, den Hörer auseinander zu schraüben. Beim Anschluß der Hörer ist, zur Vermeidung des vorzeitigen Nachlassens der Magnete, darauf zu achten, daß das bezeichnete Kabelende in die der Anodenbatterie im Stromweg zunächst gelegene Telephonbuchse gesteckt wird.

6. Lautsprecher.

Zur objektiven Tonwiedergabe dient der Lautsprecher. Der Lautsprecher ist einer der diskreditiertesten Zubehörteile; doch kann man ruhig sagen ohne seine Schuld. Natürlich gibt es gute und schlechte, aber die Lautsprecher der renommierten Firmen lassen sich mehr oder weniger alle auf gute Tonwiedergabe bringen. Denn in der Mehrzahl der Fälle liegt die schlechte Wiedergabe an der mangelhaften Abgleichung des Apparates oder an der Verwendung ungeeigneter Röhren.

Abb. 153.

Gerade in Lautsprechern ist eine Auswahl sehr schwer zu treffen, da man in den allerwenigsten Fällen einen abgeglichenen Apparat mit passenden Röhren zur Prüfung zur Verfügung hat. Auf Grund meiner Arbeit möchte ich dem Amateur folgende Lautsprecher empfehlen.

Für diejenigen, die nicht viel Geld anlegen können, kommt die „Ihig“-Schalldose in Frage (Abb. 153), die einfach wie eine Grammophonschalldose statt dieser auf den Grammophonschalltrichter gesetzt wird. Die Wiedergabe ist gut, klar und rein. Da jedoch die Tonführung im Grammophon meist sehr schlecht ist, so leidet die Lautstärke unter Umständen sehr. Man tut gut sich einen richtig gebauten Trichter dazu anzufertigen; die Wirkung ist ganz beträchtlich größer. Die „Ihig"-Schalldosen werden in 2 Ausführungen geliefert, groß und klein und beide mit Feineinstellung.

Abb. 154.

Lieferfirma: Internationale Handelsgesellschaft v. Ingenieuren, Berlin SW 42, Oranienstraße 161.

Ausgezeichnete Tonreinheit und Klarheit erreicht der von der Firma Feinmaschinenbau-Ges. Bln. SW. 68, Charlottenstr. 6, hergestellte FMG-Lautsprecher (Abb. 154). Dieser Lautsprecher spricht auf äußerst geringe Stromstärken an und ergibt bei richtiger Abgleichung des Apparates sehr gute Resultate. Es gelang mir z. B. mit dem Zweiröhren-Reinartzempfänger die Station Königsberg beinahe so laut in den Lautsprecher zu bringen wie Berlin. Selbst mit einer Röhre allein wird schon eine recht ansehnliche Tonstärke erzielt.

7. Kondensatoren.

Drehkondensatoren: Ein guter Drehkondensator muß sich sehr leicht drehen lassen, die Platten dürfen nicht zu dünn und müssen so gelagert sein, daß auch auf die Dauer ein Plattenschluß sicher vermieden wird. Hat der Kondensator Feineinstellung, so muß die Achsenschraube genau zentrisch sitzen. Die Platte der Feineinstellung muß sich ganz herumdrehen lassen und darf sich beim Drehen der übrigen Platten nicht mitbewegen. Es ist darauf zu achten, daß beim Drehen der Feineinstellung kein Auf- und Abschwanken der übrigen Platten auftritt. Die Befestigung an der Schaltplatte erfolgt mit 2—3 Schrauben oder einer zentralen Mutter. Man achte darauf, daß die Achse mit genügendem Spielraum durch die Hartgummiplatte geführt wird und daß durch Anziehen der Befestigungsschrauben kein Verziehen des Kondensatorkörpers eintritt.

Abb. 155.

Eine erstklassige Präsizionsausführung ist der Drehkondensator der Deutschen Telephonwerke, Berlin-Neukölln, Zeughofstraße 6/7 und noch mehr die der Firma „Förg" München.

Für Sonderzwecke (z. B. Reiseempfänger) empfehle ich den sehr flachen Drehkondensator von Max Reinhard & Co. Derselbe hat Glimmerdielektrikum und ist vollkommen stoßsicher (Abb. 155).

Für Gitter und Telephon nimmt man feste Kondensatoren, sog. Blockkondensatoren, die Glimmerdielektrikum besitzen müssen.

Abb. 156.

Abb. 157.

Beim Gitterkondensator kommt es sehr darauf an, daß sich der Kapazitätswert nicht ändert (z.B.durch Aufnahme von Feuchtigkeit). Für diesen Zweck ist dringend die Verwendung des Telefunken-Dubilier- (Abb. 156/157) oder des DTW-Luftblockkondensators zu empfehlen. Diese Kondensatoren sind zwar etwas teurer als gewöhnliche, doch soll man gerade hier nicht sparen. Zur Überbrückung des Telephons dagegen kann man jeden beliebigen anderen Kondensator benutzen in der Größe von 3000 bis 9000 cm. Auf 1000 cm kommt es hierbei nicht an, da diese Blockkondensatoren ohnehin einen Fehlergrad von $\pm$ 10 bis 50% aufweisen.

Zum Überbrücken (shunten) der Anodenbatterie braucht man große Kondensatoren von ½ bis 1 Mikrofarad, die meistens Ölpapierdielektrikum besitzen.

Kondensatoren prüft man entweder mit elektrischer Lichtleitung und Glühlampe, oder auch mit Kopfhörer und Batterie. Es darf beim Zusammenschalten kein Knacken hörbar werden. Allerdings darf man sich nicht täuschen lassen durch das ganz leise vernehmbare Knacken, das durch die geringe statische Ladung des Kondensators hervorgerufen wird.

8. Meßinstrumente.

Jeder Amateur, der mit hochwertigen Sparlampen arbeitet, sollte unbedingt ein Meßinstrument zum Einstellen benutzen. Wer ernster arbeiten will, ist gezwungen, sich auch noch Instrumente zum Messen des Anodenstroms, der Anodenspannung und des Heizfadenstroms anzuschaffen.

Ein gutes Meßinstrument muß folgende Bedingungen erfüllen: Größte Genauigkeit im ganzen Skalenbereich, gleichmäßige Skalenteilung, aperiodische und schnelle Zeigereinstellung, geringster Stromverbrauch und Unveränderlichkeit im Betriebe.

Im Handel sind nun sehr verschiedene Instrumente. Man unterscheidet elektromagnetische oder Weicheiseninstrumente, Hitzdraht-, elektrostatische und Drehspulinstrumente.

Die billigsten, die Weicheiseninstrumente sind nur brauchbar zu Messungen, wo es auf Stromverbrauch nicht ankommt und eine große Genauigkeit nicht gefordert wird. Sie haben sehr hohen Eigenverbrauch, so daß durch ihre Benutzung der Vorteil beim Gebrauch hochwertiger Sparlampen entweder illusorisch wird oder die Gefahr entsteht, daß beim Abschalten des Voltmeters durch die plötzlich erfolgende Spannungserhöhung der Heizfaden durchbrennt. Die Genauigkeit, namentlich im ersten Drittel der Skala, ist schlecht, die Skalenteilung ist ungleichmäßig. Die aperiodische Zeigereinstellung muß durch besondere Dämpfungsvorrichtungen bewirkt werden.

Die Hitzdrahtinstrumente haben den Vorteil, daß sie unabhängig von der verwendeten Stromart, sehr genau und induktionslos sind. Sie sind daher zum Messen von Hochfrequenzströmen allein brauchbar, doch kommt dieses Meßgebiet für den Amateur weniger in Frage. Ihre Nachteile liegen in den thermischen und elastischen Nachwirkungen des Hitzdrahtes. Auch sind sie stoßempfindlich und nicht ganz unabhängig von der Temperatur des Meßraumes.

Die elektrostatischen Instrumente, die nach dem Prinzip der Wechselstromzähler gebaut sind, werden in der Regel nur zu Hochspannungsmessungen benutzt.

Die für unsere Zwecke allein in Betracht kommenden Drehspulinstrumente werden gebaut als Volt-, Millivolt-, Ampere- und Milliamperemeter, evtl. auch als direkt anzeigende Ohmmeter. Die Drehspulinstrumente besitzen hohe Empfindlichkeit, gleichmäßige Skalenteilung, große Meßgenauigkeit (etwa $\pm$ 1%) in jedem Teil der Skala, schnelle und völlig aperiodische Zeigereinstellung sowie geringsten Eigenverbrauch, etwa 0,005—0,01 Ampere bei Endausschlag. Der Eigenverbrauch spielt also gegenüber dem Heizfadenverbrauch keine Rolle.

Der Aufbau der Instrumente ist verschieden: In einem Magneten ist eine Spule mit wenigen Windungen, auf einer Achse drehbar angeordnet. Die Spule ist mit einem Zeiger verbunden. Beim Hineinleiten eines Stromes sucht sich die Spule gegen das Magnetfeld zu verdrehen. Der Drehung wirken entgegen zwei an den Enden der Achse angebrachte, gegeneinander gerichtete Spiralfedern, die genau auskompensiert sind und gleichzeitig als Stromzuführung dienen. Die Achse der Spule läuft mit glasharten Stahlspitzen in feinen Achat- oder Saphirlagern.

Diese Instrumente dienen zur Messung von Gleichstrom.

Wird statt des festen Magneten eine feste Spule benutzt, die gleichzeitig vom Strom durchflossen wird, so wird das Instrument auch für Wechselstrom brauchbar und heißt in dieser Anordnung Dynamometer.

Da die Spulen dieser Instrumente nur sehr geringe Selbstinduktionen besitzen, so ist die Skala gleich für Gleichstrom und Wechselstrom bis etwa 500 Perioden.

Erwähnen will ich noch, daß man die Meßbereiche durch Vorschalten oder Parallelschalten von Zusatzwiderständen in weiten Grenzen verändern kann.

Sehr gute und vor allen Dingen nicht teure Meßinstrumente

(Abb. 158/159) habe ich bezogen von der Firma Gans & Goldschmidt, Berlin N, Müllerstr. 10. Der Genauigkeitsgrad dieser Instrumente ist ganz hervorragend. Sie werden in den verschiedensten Meßbereichen und Ausführungen geliefert.

Abb. 158.

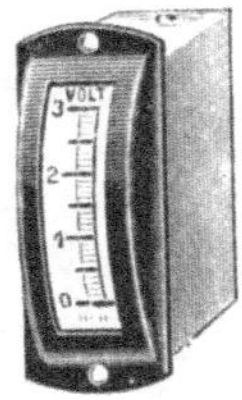

Abb. 159.

Diese Firma hat auch ein sehr praktisches Meßinstrument (Abb. 160) herausgebracht, das mit 2 oder 3 Meßbereichen ausgerüstet und mit Steckern zum beliebigen Montieren auf gewöhnlichen Steckbuchsen versehen ist. Mit diesem Instrument

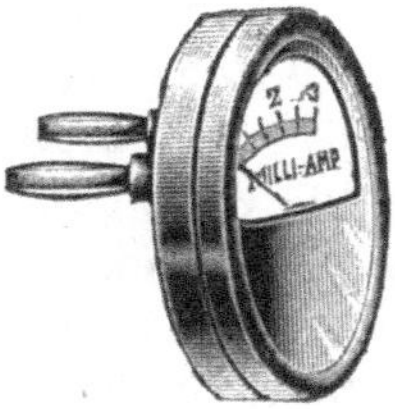
Abb. 160.

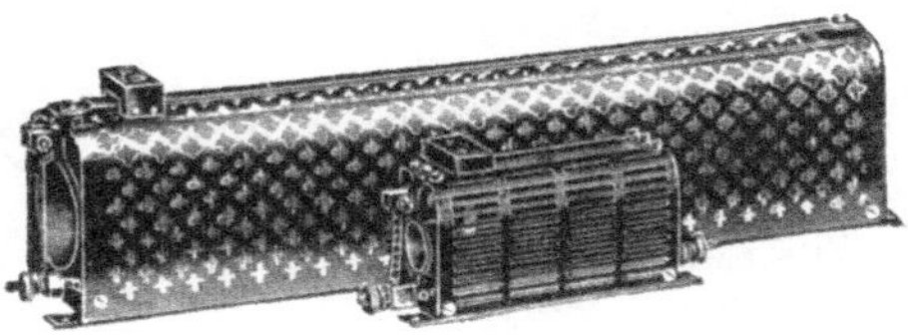
Abb. 161.

kann man Heiz- und Anodenspannung messen und außerdem fungiert es als Milliamperemeter zum Messen des Anodenstromes. Es ersetzt also im ganzen 3 Einzelinstrumente und ist dabei doch außerordentlich genau. Der Preis für dieses Instrument beträgt zur Zeit 20.50 M.

Dieselbe Firma liefert auch Meßwiderstände, wie ich sie z. B. für die Parallelohmanordnung in Schaltung (Abb. 118) benutzt habe, in verschiedenen Längen und von großer Präzision und Genauigkeit (Abb. 161).

9. Potentiometer.

Potentiometer oder Spannungsteiler werden benutzt zum Abgreifen einer bestimmten Spannung. Man achte darauf, daß die sehr dünnen aus Widerstandsdraht bestehenden Windungen unverschiebbar nebeneinander liegen, daß die Wicklung fest und mit Zelluloidstreifen geschützt ist. Der Schleifer muß ganz glatt und flach über die Windungen streichen. Bei den normalen, billigen Potentiometern stimmen die Angaben über die Ohmzahl fast nie. Sie betragen in der Regel nur die Hälfte des Sollwertes. Also ein nominell 1000-ohmiges Potentiometer hat in Wirklichkeit nur etwa 5—600 Ohm. Eine normale Ausführung von nominell 1000 Ohm zeigt Abb. 162.

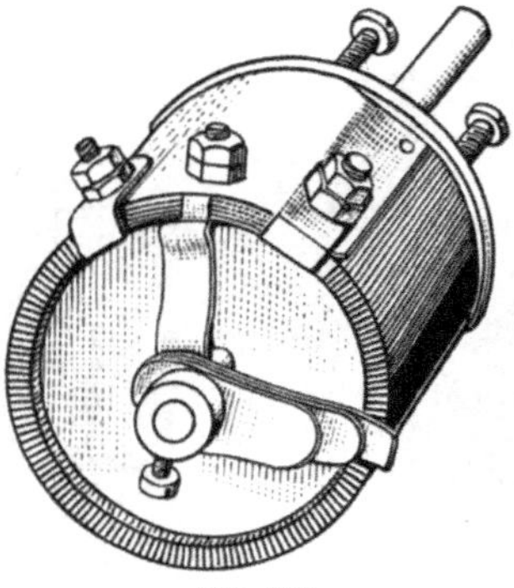

Abb. 162.

10. Röhrensockel.

Bei Röhrensockeln unterscheidet man solche zum Einlassen, sog. Topfsockel, und solche zum inneren Einbau, bzw. zum Aufmontieren auf ein Grundbrett. Abb. 163 zeigt einen sauber gearbeiteten „Reico"-Sockel. Die aufgeführten Röhren benötigen, mit Ausnahme der *RE* 82, Sockel mit französischer Fassung. Abb. 164. Maße d. Steckbuchsenanordnung.

Abb. 163.

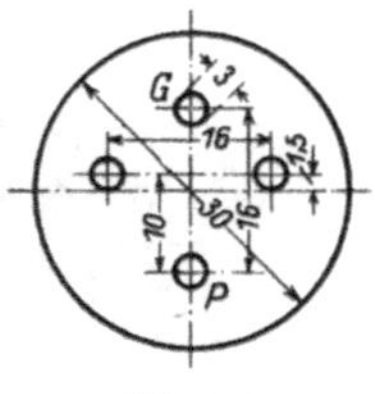

Abb. 164.

Eine besondere Art von Sockeln, die sehr praktisch ist und sich

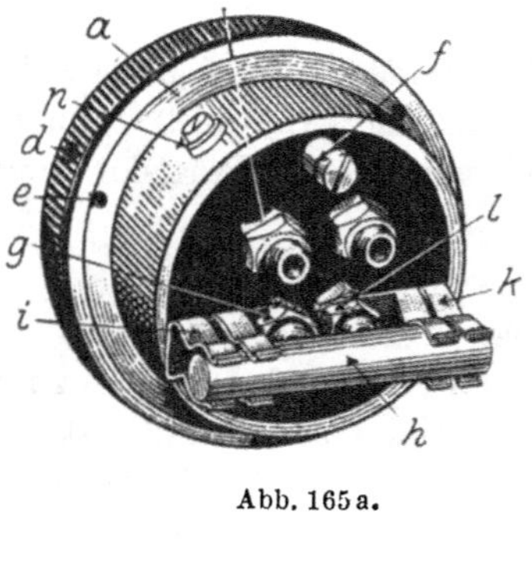

Abb. 165a.

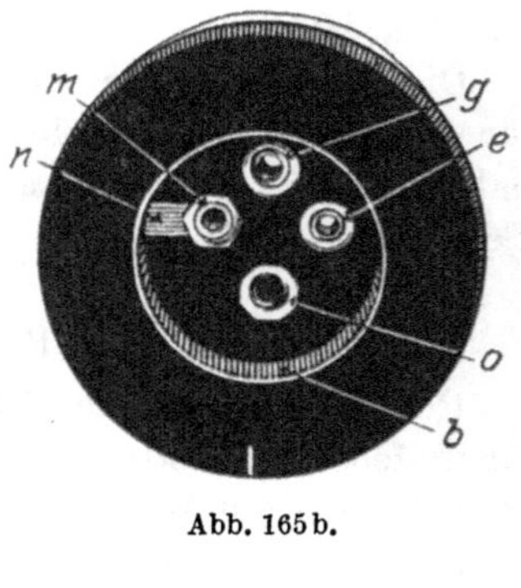

Abb. 165b.

gut bewährt, hat die Firma „Irotechnik“, Berlin-Wilmersdorf, Wilmersdorfer Str. 14, herausgebracht (Abb. 165a—c). Diese Sockel werden in drei verschiedenen Ausführungen hergestellt:

1. Für Audion; Heizwiderstand 20—40 Ohm, auswechselbarer Silitstab und Gitterkondensator 250 cm.

2. Für Verstärker; nur Heizwiderstand 20—40 Ohm.

3. Für Widerstandsverstärker; Heizwiderstand 20—40 Ohm, entsprechender Gitterkondensator und 2 auswechselbare Silitstäbe.

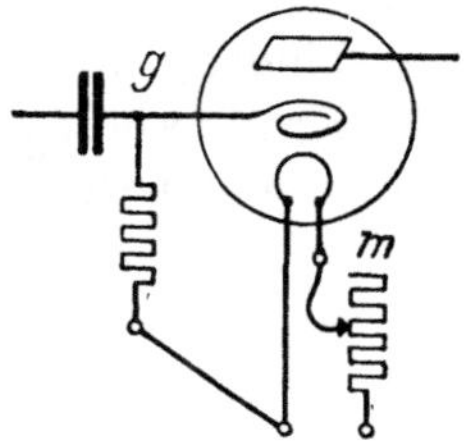

Abb. 165c.

Ferner werden sie auf Wunsch mit kombinierter Fassung, deutsch und französisch, ausgeführt, sodaß man ohne Verwendung von Zwischensockeln alle Arten von Röhren benutzen kann. Auch Ausführung für Doppelgitterröhre *RE* 82, mit 5 Buchsen, ist erhältlich.

Bei Verwendung dieser Sockel spart man viel Platz und auch Arbeit, weil der Sondereinbau von Heizwiderständen, Gitterkondensatoren und Silitstäben fortfällt. Die Schaltarbeit wird also sehr vereinfacht.

11. Steckbuchsen und Stecker.

Zwei Sorten von Steckbuchsen gibt es, solche mit und ohne Lötansatz, vernickelt oder unvernickelt. Ich empfehle unvernickelte Buchsen mit Lötansatz zu verwenden; sie lassen sich leichter löten. Bei schlecht vernickelten Buchsen kann es vorkommen, daß das Zinn nur am Nickelbelag haftet und der Nickelbelag von der Buchse abreißt. Eine solche Unterbrechung, die unangenehme Geräusche verursacht, ist immer außerordentlich schwer zu finden.

Die Bananenstecker müssen 4 gut federnde Zungen haben und Stellschrauben mit großem Kopf. Schrauben mit kleinem Kopf brechen beim Anziehen sehr leicht aus. Für die Anodenbatterien verwendet man besondere kurze Stecker, schwarze und rote, sog. Anodenstecker.

12. Schalter.

Zum Abschalten der Antenne dienen besonders konstruierte Antennen- oder Erdungsschalter. Eine gute und zuverlässige

Ausführung zeigt Abb. 166. Dieser Schalter hat besonderen Überspannungsschutz, der so eingerichtet ist, daß beim Einschalten etwaige statische Antennenladungen abgeleitet werden ehe die Verbindung zum Apparat bewirkt wird.

Ferner werden häufig sog. Stufenschalter benutzt. Es gibt zwar komplette Schalter käuflich, doch bekommt man sie selten

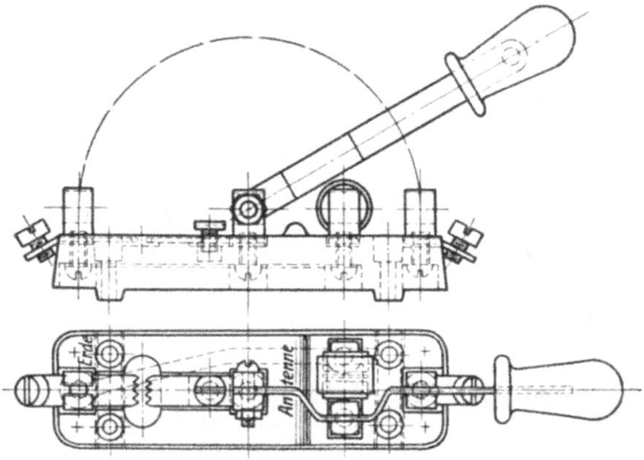

Abb. 166.

richtig für den beabsichtigen Zweck, sodaß es besser ist, wenn man sie sich selber zusammenstellt aus Schleifer und Kontaktknöpfen. Eine mustergültige, kontaktsichere Ausführung zeigt Abb. 62, aus der auch der Einbau hervorgeht.

Für einige Spezialzwecke (Abb. 118) verwendet man mit Vorteil doppelpolige Messerschalter, deren Konstruktion allgemein bekannt ist. (Lieferant für Schalter Paul Wrede, Tempelhof, Kais. Augustastr. 69).

13. Silitwiderstände.

Für die Zwecke der Gitterableitung werden im allgemeinen die sog. Silitwiderstände benutzt. Diese Stäbe aus Silit sind in Größen von 5000 bis 6 Millionen Ohm erhältlich.

Der Nachteil der Stäbe liegt in ihrer Inkonstanz und in den Nachwirkungserscheinungen. Man benutzt daher besser die zwar teureren, aber einwandfreien konstanten Hochohmwiderstände, wie sie von verschiedenen Firmen in den Handel gebracht werden,

z. B. Loewe-Hochohmwiderstände (Abb. 167) oder Dralowid oder Leithäuser-Owin. Ein recht guter, mit Drehspindel

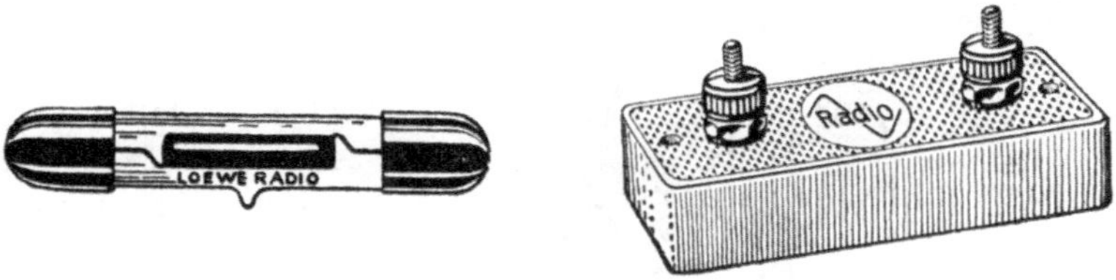

Abb. 167.

regulierbarer Widerstand ist erhältlich unter dem Namen „Record".

14. Spulen und Spulenkoppler.

In der Hauptsache werden in den hier beschriebenen Schaltungen Zylinderspulen benutzt, deren Selbstherstellung beschrieben ist. Wem jedoch die Selbstherstellung zu schwierig erscheint, dem rate ich die Spulen fertig gewickelt zu beziehen. Die Firma Paul Wrede, Tempelhof, stellt jede gewünschte Spule mit jedem gewünschten Abgriff billigst her.

Für die Apparate mit *HF*-Verstärkung benötigen wir jedoch Spulen zum Einstecken in Spulenkoppler. Für diesen Zweck verwenden wir Ledion- oder Korbspulen. Abb. 168 zeigt die bekannte und außerordentlich verbreitete, der Firma Lüdke, Berlin patentierte Korbspule.

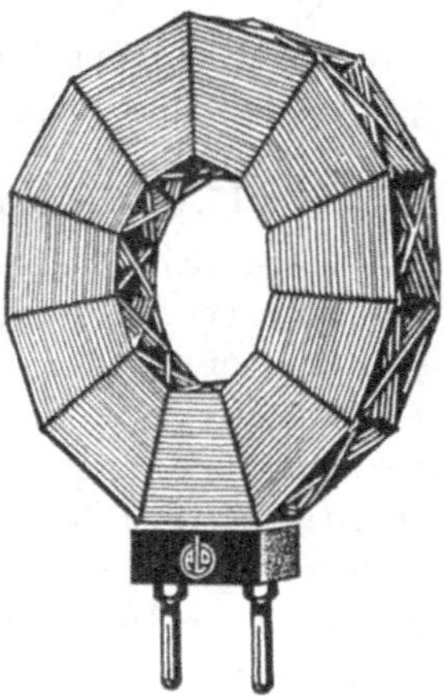

Abb. 168.

Eine andere Art, die sich besonders zur Ausrüstung von Wellenmessern eignet, sind die sog. Patentflachspulen der Firma Wendt, Berlin, Lützowstr.

Um die Spulen miteinander verstellbar koppeln zu können, benutzt man den sog. Spulenkoppler. Es gibt verschiedene Arten von Kopplern, doch weisen sie alle mehr oder weniger große Mängel auf. Bei Spulenkopplern mit einfachen Schwenkgriffen ist die Einstellung sehr schwierig und ungenau, auch ist das Gewicht, namentlich größerer Spulen, so hinderlich, daß diese Art Koppler für hochwertige Schaltungen kaum zu verwenden ist. Eine andere Art, die zur Verstellung einen einfachen Zahntrieb benutzt, ist zwar etwas besser, aber es fallen auch hier große Spulen durch ihr eigenes Gewicht leicht herunter. Einen wirklich guten und allen Ansprüchen durchaus genügenden Koppler stellt die Firma Huth her (Abb. 169). Der Koppler besitzt Einstellung mit Kegelrädern, Schnecke und Schneckenrad. Hierdurch wird eine besonders leichte und exakte Feineinstellung gewährleistet. Außerdem verhindern die langen Bedienungsgriffe, die sogar nach Bedarf noch verlängert werden können, den Einfluß der Handkapazität. Ein solcher Koppler hat Anwendung gefunden in der Schaltung Abb. 118.

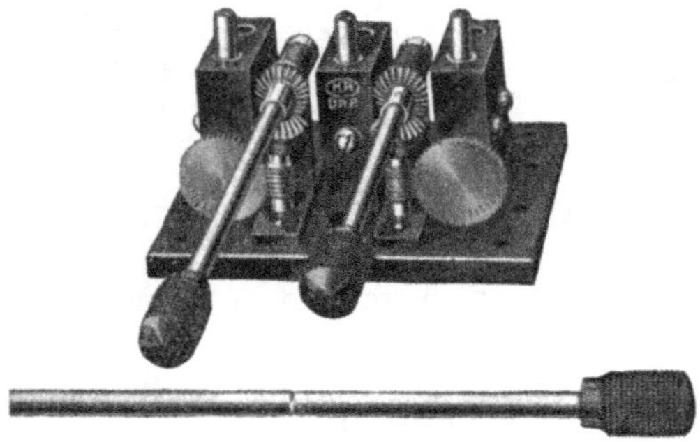

Abb. 169.

15. Transformatoren für Niederfrequenz.

Verschiedene Bedingungen sind es, die ein guter Niederfrequenztransformator erfüllen muß, um ein Maximum an Leistung zu ergeben.

Zunächst muß er eine möglichst hohe Verstärkung, d. h. Spannungserhöhung bewirken. Sodann soll er ein sehr breites Frequenzband ca. 50—5000 Perioden, von den tiefsten bis zu den höchsten Tönen, möglichst gleichmäßig verstärken, und außerdem muß die Haltbarkeit möglichst unbegrenzt sein.

Da man nur dann ein Höchstmaß von Leistung erhält, wenn der Transformatorwiderstand gleich dem inneren Widerstand der Röhre ist, so folgt, daß die Primärwicklung dem Anodenwiderstand der Röhre und die Sekundärwicklung dem Gitterwiderstand der nächsten Röhre angepaßt werden muß. Ein Wechselstromwiderstand von ca. 100000 Ohm auf der Primärseite ist nun verhältnismäßig leicht zu erreichen. Anders aber der Widerstand der Sekundärseite, der, wenn er gleich dem Gitterwiderstand sein sollte, etwa 10^7 Ohm betragen müßte. Eine Wicklung, die diesen hohen Widerstand hat, würde aber soviel Kapazität bekommen, daß die dadurch bedingten Nebenschlußverluste außerordentlich groß werden würden. Um nun auch noch eine möglichst große sekundäre Spannung zu erzielen, müßte auch das Wicklungsverhältnis ein hohes sein. Man muß nun bei der Herstellung einen Kompromiß schließen. D. h. man wählt eine möglichst kapazitätsfreie Wicklungsart, paßt die Primärwicklung dem Anodenwiderstand an und geht mit der Sekundärwicklung so hoch, wie es die Verluste zulassen.

Eine sehr große Rolle spielt ebenfalls die Beschaffenheit und Form des Eisenkerns. Der Eisenkern muß genügend große Abmessungen haben, damit er magnetisch nicht überlastet wird. Das verwendete Eisen muß von ausgesuchter Qualität sein, fein unterteilt werden und eine ganz gleichmäßige Magnetisierungskurve aufweisen. Ein guter Transformator ist stets das Produkt langwieriger und kostspieliger Laboratoriumsversuche und natürlich auch sorgfältigster Fabrikarbeit. Die Wicklung darf keine Lötstellen haben, alle Verbindungen müssen geschweißt sein, was in Anbetracht der haarfeinen Drähte ebenfalls schwierig und teuer ist. Lötungen setzen nämlich sehr bald Oxyd an und machen dadurch den Transformator unbrauchbar. Die Wicklungen müssen durchschlag- und feuchtigkeitssicher sein. Spannungen von mindestens 500 Volt müssen sicher ertragen werden. Seidenisolierte Drähte sind nicht vorteilhaft, weil Seide bis zu 30% ihres Gewichtes an Feuchtigkeit aufnehmen kann. Ein feuchtgewordener Transformator erregt sich aber infolge der enormen Kapazitätsvermehrung in Tonfrequenz, d. h. er pfeift. Auskochen der Spulen mit Paraffin ist auch nicht das beste, weil auch Paraffin die Kapazität erhöht. Das beste ist die Anwendung von gutem Lackdraht.

Ein guter Niederfrequenztransformator kann daher nicht billig sein, aber Sparsamkeit auf diesem Gebiete ist ein großer Fehler, da in den meisten Fällen billige Transformatoren weder die größte Verstärkung bringen noch verzerrungsfrei arbeiten und meistens auch eine nicht allzugroße Lebensdauer aufweisen. Ich habe in meinen Schaltungen viele Arten *NF*-Transformatoren ausprobiert, doch hatte ich den besten Erfolg mit „Körting“, sowohl was Lautstärke als auch Reinheit betraf. Abb. 170 zeigt die außerordentlich gleichmäßige Verstärkungskurve ver-

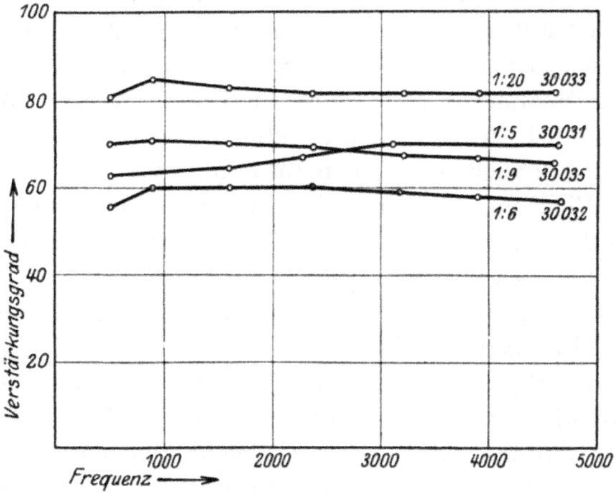

Abb. 170.

schiedener Körtingtransformatoren. Abb. 171 zeigt das normale Modell. Abb. 172 das Spezialmodell (Push Pull) für Gegentaktkraftverstärker. Wegen seiner Güte ist die äußere Form des Körtingtransformators verschiedentlich nachgeahmt worden, so daß man sich beim Einkauf vorsehen muß. Man achte auf den

Abb. 171.

Abb. 172.

Namenszug „Körting“. (Lieferant Dietz & Ritter G. m. b. H., Berlin, Belle-Alliancestraße 14 A.)

Transformatoren kann man oberflächlich prüfen mit Kopfhörer und Batterie (1,5—4,5 Volt). Schaltet man zwischen die Primärklemmen, so hört man ein lautes, zwischen den Sekundärklemmen ein etwas leiseres Knacken. Zwischen Primär- und Sekundärklemmen und zwischen den Klemmen und dem Eisenkern darf kein Knacken vernehmbar sein.

Bei Körtingtransformatoren ist der Anfang der Primärwicklung mit P_0, das Ende mit P_1 bezeichnet. Der Anfang der Sekundärwicklung trägt die Bezeichnung S_0, das Ende S_1. Beim Schalten ist zu beachten, daß stets S_1 ans Gitter gelegt wird. Die Übersetzungsverhältnisse sind verschieden. Ich benutze für einen Einröhrenverstärker die Übersetzung 1 : 7, bei Zweiröhrenverstärker 1 : 7 und 1 : 3.

Druck von Oscar Brandstetter in Leipzig.

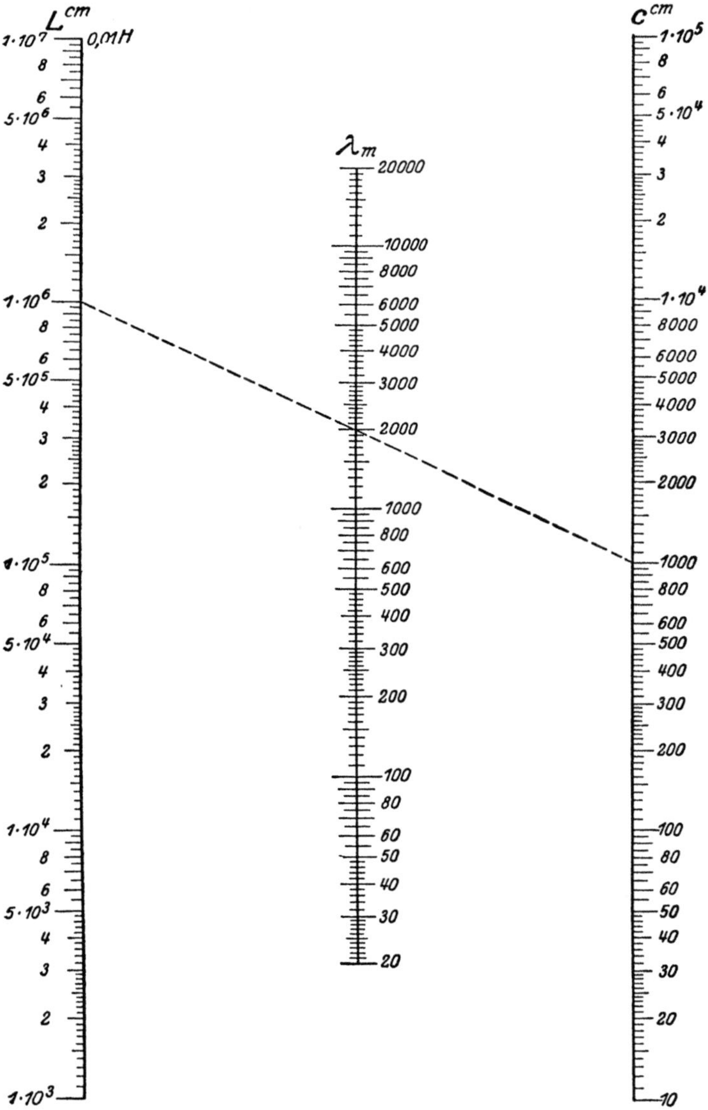

Verlag von Julius Springer in Berlin.

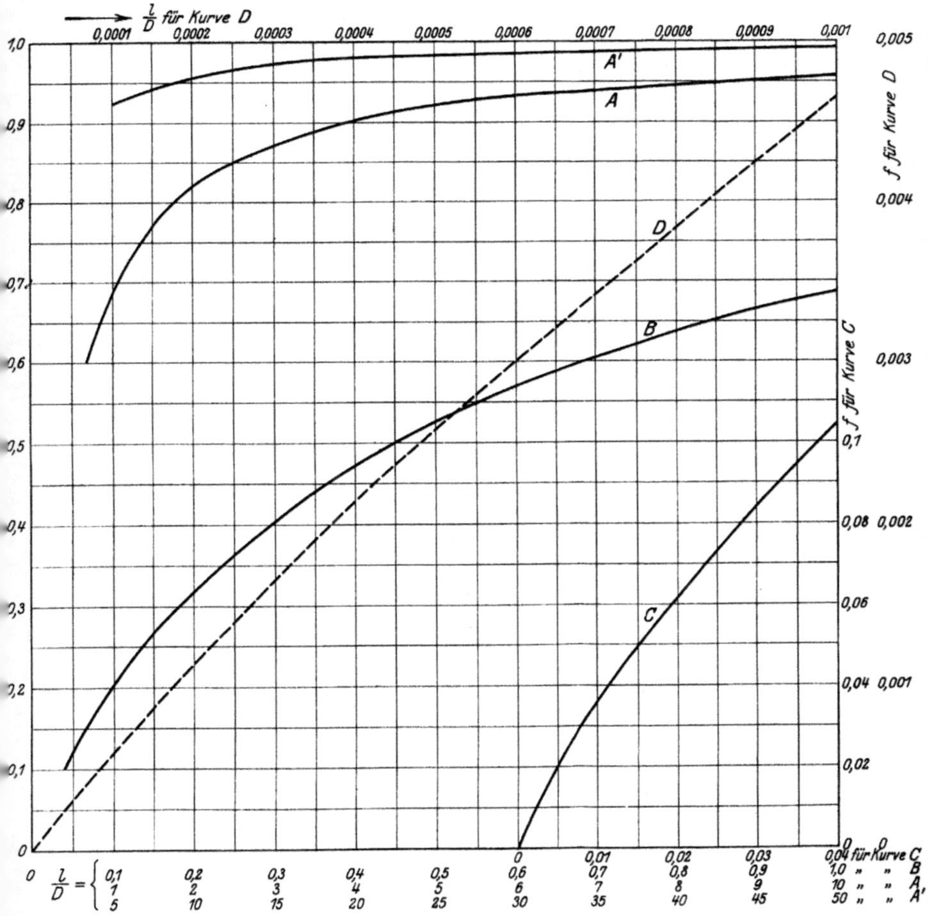

Verlag von Julius Springer in Berlin. Techn.-art. Anstalt von Alfred Müller in Leipzig.

Fortsetzung umstehend!

GPSR Compliance

The European Union's (EU) General Product Safety Regulation (GPSR) is a set of rules that requires consumer products to be safe and our obligations to ensure this.

If you have any concerns about our products, you can contact us on ProductSafety@springernature.com

In case Publisher is established outside the EU, the EU authorized representative is:

Springer Nature Customer Service Center GmbH
Europaplatz 3
69115 Heidelberg, Germany

Batch number: 10682439

Printed by Printforce, the Netherlands